国家出版基金项目
NATIONAL PUBLICATION FOUNDATION

中国果树科学与实践

核　桃

主　　编　郗荣庭

副 主 编　张志华　王　贵　杨　源　王红霞

编　　委　(按姓氏笔画排序)

王　贵　王红霞　杨　源　张志华

赵书岗　荣瑞芬　侯立群　郗荣庭

贺　奇

陕西新华出版传媒集团

陕西科学技术出版社

图书在版编目（CIP）数据

中国果树科学与实践．核桃/郗荣庭主编．—西安：陕西科学技术出版社，2015.6

ISBN 978-7-5369-6444-0

Ⅰ．①中… Ⅱ．①郗… Ⅲ．①核桃－果树园艺 Ⅳ．①S66

中国版本图书馆 CIP 数据核字（2015）第 098997 号

中国果树科学与实践　核桃

出版者	陕西新华出版传媒集团　陕西科学技术出版社
	西安北大街 131 号　　　邮编 710003
	电话（029）87211894　传真（029）87218236
	http://www.snstp.com
发行者	陕西新华出版传媒集团　陕西科学技术出版社
	电话（029）87212206　87260001
印　刷	陕西思维印务有限公司
规　格	720mm×1000mm　16 开本
印　张	12.5
字　数	220 千字
版　次	2015 年 6 月第 1 版
	2015 年 6 月第 1 次印刷
书　号	ISBN 978-7-5369-6444-0
定　价	56.00 元

总　序

中国农耕文明发端很早，可追溯至远古 8 000 余年前的"大地湾"时代，华夏先祖在东方这块神奇的土地上，为人类文明的进步作出了伟大的贡献。同样，我国果树栽培历史也很悠久，在《诗经》中已有关于栽培果树和采集野生果的记载。我国地域辽阔，自然生态类型多样，果树种质资源极其丰富，果树种类多达 500 余种，是世界果树发源中心之一。不少世界主要果树，如桃、杏、枣、栗、梨等，都是原产于我国或由我国传至世界其他国家的。

我国果树的栽培虽有久远的历史，但果树生产真正地规模化、商业化发展还是始于新中国建立以后。尤其是改革开放以来，我国农业产业结构调整的步伐加快，果树产业迅猛发展，栽培面积和产量已位居世界第 1 位，在世界果树生产中占有举足轻重的地位。2012 年，我国果园面积增至约 1 134 万 hm^2，占世界果树总面积的 20% 多；水果产量超过 1 亿 t，约占世界总产量的 18%。据估算，我国现有果园面积约占全国耕地面积的 8%，占全国森林覆盖面积的 13% 以上，全国有近 1 亿人从事果树及其相关产业，年产值超过 2 500 亿元。果树产业良好的经济、社会效益和生态效益，在推动我国农村经济、社会发展和促进农民增收、生态文明建设中发挥着十分重要的作用。

我国虽是世界第 1 果品生产大国，但还不是果业强国，产业发展基础仍然比较薄弱，产业发展中的制约因素增多，产业结构内部矛盾日益突出。总体来看，我国果树产业发展正处在由"规模扩张型"向"质量效益型"转变的重要时期，产业升级任务艰巨。党的十八届三中全会为今后我国的农业和农村社会、经济的发展确定了明确的方向。在新的形势下，如何在确保粮食安全的前提下发展现代果业，促进果树产业持续健康发展，推动社会主义新农村建设是目前面临的重大课题。

科技进步是推动果树产业持续发展的核心要素之一。近几十年来，随着我国果树产业的不断发展壮大，果树科研工作的不断深入，产业技术水平有了明显的提升。但必须清醒地看到，我国果树产业总体技术水平与发达国家相比仍有不小的差距，技术上跟踪、模仿的多，自主创新的少。产业持续发展过程中凸显着各种现实问题，如区域布局优化与生产规模调控、劳动力成本上涨、产地环境保护、果品质量安全、生物灾害和自然灾害的预防与控制等，都需要我国果树科技工作者和产业管理者认真地去思考、研究。未来现代果树产业发展的新形势与新变化，对果树科学研究与产业技术创新提出了新的、更高的要求。要准确地把握产业技术的发展方向，就有必要对我国近几十年来在果树产业技术领域取得的成就、经验与教训进行系统的梳理、总结，着眼世界技术发展前沿，明确未来技术创新的重点与主要任务，这是我国果树科技工作者肩负的重要历史使命。

陕西科学技术出版社的杨波编审，多年来热心于果树科技类图书的编辑出版工作，在出版社领导的大力支持下，多次与中国工程院院士、山东农业大学束怀瑞教授就组织编写、出版一套总结、梳理我国果树产业技术的专著进行了交流、磋商，并委托束院士组织、召集我国果树领域近 20 余位知名专家于 2011 年 10 月下旬在山东泰安召开了专题研讨会，初步确定了本套书编写的总体思路、主要编写人员及工作方案。经多方征询意见，最终将本套书的书名定为《中国果树科学与实践》。

本套书涉及的树种较多，但各树种的研究、发展情况存在不同程度的差异，因此在编写上我们不特别强调完全统一，主张依据各自的特点确定编写内容。编写的总体思路是：以果树产业技术为主线和统领，结合各树种的特点，根据产业发展的关键环节和重要技术问题，梳理、确定若干主题，按照"总结过去、分析现状、着眼未来"的基本思路，有针对性地进行系统阐述，体现特色，突出重点，不必面面俱到。编写时，以应用性研究和应用基础性研究层面的重要成果和生产实践经验为主要论述内容，有论点，有论据，在对技术发展演变过程进行回顾总结的基础上，着重于对现在技术成就和经验教训的系统总结与提炼，借鉴、吸取国外先进经验，结合国情及生产实际，提出未来技术的发展趋势与展望。在编写过程中，力求理论联系实际，既体现学术价值，也兼顾实际生产应用价值，有解决问题的技术路线和方法，以期对未来技术发展有现实的指导意义。

本套书的读者群体主要为高校、科研单位和技术部门的专业技术人员，以及产业决策者、部门管理者、产业经营者等。在编写风格上，力求体现图文并茂、通俗易懂，增强可读性。引用的数据、资料力求准确、可靠，体现科学性和规范性。期望本套书能成为注重技术应用的学术性著作。

在本套书的总体思路策划和编写组织上，束怀瑞院士付出了大量的心血和智慧，在编写过程中提供了大量无私的帮助和指导，在此我们向束院士表示由衷的敬佩和真诚的感谢！

对我国果树产业技术的重要研究成果与实践经验进行较系统的回顾和总结，并理清未来技术发展的方向，是全体编写者的初衷和意愿。本套书参编人员较多，各位撰写者虽力求精益求精，但因水平有限，书中内容的疏漏、不足甚至错误在所难免，敬请读者不吝指教，多提宝贵意见。

编著者
2015 年 5 月

前　言

中国是世界核桃的起源地之一，核桃也是我国栽培历史悠久、分布广泛的重要干果和经济树种。由于核桃的用途和功能多样而备受城乡人们的欢迎和重视，其种植面积逐年增加，加工产品纷繁多样，市场购销两旺，成为农村产业结构中的重要一员。

随着我国农村经济结构调整和产业发展的不断深入，核桃以其适应广泛、果材兼优、能改善环境、管理简易、产值较高等优势，在各地农村种植的发展规划中占有一定的位置，种植区域不断扩大，一些地区和乡镇的核桃产业收入已占农业总产值的 30%～40%，在人们脱贫致富和建设小康生活中发挥了重要的作用。

为了促进我国核桃产业的健康持续发展，不断扩大经济效益、生态效益和社会效益，把我国核桃生产水平推向新的高度，《中国果树科学与实践　核桃》在回顾我国核桃产业发展历史的基础上，总结了在我国核桃产业发展中的主要经验教训、科研成果在生产中发挥的作用、现时存在的问题以及解决途径。在优质、丰产、高效益这一层面上，进行了有针对性的论述，以期为我国核桃产业的发展提供有益的指导性意见，为相关的领导者和技术推广部门、专业协会、专业合作社和种植户提供参考。

《中国果树科学与实践　核桃》主要以我国种植广泛、栽培历史悠久、经济效益显著、优良品种较多、影响和关注度较大的核桃（*J. regia*）和深纹核桃（*J. siggilata*）2 种核桃为主展开阐述。主要内容包括：中国核桃产业发展概述，国内外核桃产业现状，种质资源和开发利用，核桃和深纹核桃地理分布和经济栽培区，主要类群和优良品种，优质苗木繁育，优质、丰产、高效、安全栽培技术，果实采收和采后增值处理，营养成分、保健功能及开发利用，麻核桃，附录中介绍了 3 个不同类型具有参考价值的产业发展及密植园丰产高效载培的实例。

编写内容力求符合我国核桃产业发展的实际和特点，用充分的论据分析当前生产中存在的重点技术问题，并提出相应的对策，为从事核桃生产、科研、教学、技术推广、组织管理和产业经营等活动提供科学的依据，并为促进产业发展提出意见和建议。同时，对近年兴起的工艺型河北核桃（麻核桃）（*J. hopeiensis*）也做了适当的介绍。

参加本书编写的作者均为多年从事核桃科研、生产、教学和技术指导的经验丰富、理论水平较高的专家。他们为编写这部既不同于教科书，又有别于培训教材的专著进行了广泛的调查研究，收集了大量的材料并进行了审慎筛选，用较短的时间完成了《中国果树科学与实践　核桃》的编写工作。由于我国地域辽阔，土壤、气候多样，各地品种繁多，管理经验各不相同，尽管作者在编写中尽其所能作出努力，挂一漏万和不妥之处却在所难免，敬希读者和同行专家不吝赐教。

郗荣庭

2014 年 10 月

目　录

第一章 中国核桃产业发展概论

中国核桃产业在发展中经历了起伏变化的过程。本章对新中国成立后核桃产业发展过程中取得的主要成就和存在的问题进行了历史回顾，简要分析了中国核桃产业在主产国中所处的位置，正视从产业大国走向产业强国的潜力优势和所面对的急需解决的问题，并对中国核桃产业的发展前景提出了看法，以做到知彼知己，增强信心，实现中国核桃产业强国之梦。

第一节 中国核桃生产简史

一、中国核桃栽培溯源

1. 核桃(*Juglans. regia* L.)(胡桃)栽培

中国是世界核桃栽培起源地之一。据《中国植物化石》第三册新生代植物研究资料，在第三纪(距今 4 000 万~1 200 万年)和第四纪(距今 1 200 万~200 万年)，中国已有胡桃属植物中的 6 种核桃分布在华北、西北、西南、东北地区。江西、河南、新疆、陕西、河北、山东、北京等地曾先后发掘出土了始新世、渐新世和中新世地质年代地层中的核桃花粉或孢粉遗存。

1980 年河北武安市磁山村发掘出距今 7 335 年±100 年的原始社会遗址中的炭化核桃残壳(图 1-1)，经中国科学院植物研究所鉴定为核桃(*J. regia* L.)。

1979 年《河南文博通讯》载，河南密县峨沟北岗新石器时代遗址出土了炭化核桃、枣和麻栎的种核，经中国科学院考古研究所^{14}C 测定，距今 7 200 年±80 年。

山东临朐山旺村发掘出土的核桃叶片化石和 3 枚炭化核桃，地质年代为中新世(距今 2 500 万年)。

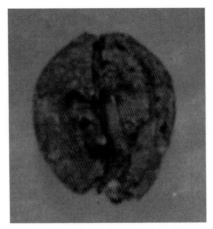

图 1-1　炭化核桃（河北武安市磁山村）

1973 年张新时、武德隆的研究表明，新疆野核桃林属于天山第三纪中新世（距今 2 500 万年）温带阔叶林残遗群落。

此外，陕西西安半坡氏族部落遗址（距今 6 000 年）、西藏聂聂雄湖沉积、新疆准噶尔盆地、北京地层、江西清江地区、陕西蓝田毛村等地，曾先后在土壤中发掘出核桃花粉和孢粉遗存。

上述地质发掘和考古结果完全可以证明中国是世界核桃栽培起源地之一。这与近年欧洲和北美地层发掘出土的核桃叶片、坚果化石地质时期均为新生代第三纪中期和初期有相近之处，证明各国核桃栽培起源并非一地，而是多地。

2. 深纹核桃（*J. sigillata* Dode）（铁核桃）栽培

深纹核桃是中国原产的一个独立种，泡核桃是从深纹核桃中选育的栽培品种。

1981 年四川省林业科学研究所在冕宁县彝海子发掘出大量铁核桃枝干、叶片和坚果地质遗存，经中国科学院贵阳地球化学研究所[14]C 木材鉴定，距今 6 058 年±167 年。遗存的铁核桃坚果圆形，壳面密布深纹，壳皮较厚。经中国科学院植物研究所罗健馨鉴定为深纹核桃（*J. sigillata* Dode），是野海子古森林组成树种之一，证明四川省 6 000 年前已有铁核桃生长分布。

1978 年杨源在云南大理漾濞县平坡乡发现了山洪冲出的一段深埋在地下的 10 多米长、心材乌黑的核桃树干（图 1-2）。1986 年经中国科学院考古研究所[14]C 测定，距今 3 325 年±75 年（公元前 1 375 年±75 年），树轮校正年代为 3 656 年±125 年（公元前 1 615 年）。

图 1-2　核桃古木(云南漾濞县)

图 1-3　深纹核桃古树

《云南核桃》载有云南漾濞县平坡乡罗家村和祥云县米甸乡插朗哨村,仍存活着推断树龄为 500～600 年生的深纹核桃古树(图 1-3)。经北京大学考古系测定其树龄分别为 310 年±75 年和 280 年±60 年。

1981—1984 年段盛烺等先后在喜马拉雅山麓西藏青隆、聂拉木、错那、波密、林芝等地的山谷中发现了铁核桃野生类群。刘万生等在西藏核桃考察中发现铁核桃原始群落和栽培类型,并认为与云南、贵州的野生铁核桃同属一种。杨源等在云南云龙与剑川交界处和怒江流域曾发现大片野生铁核桃林。

3. 其他核桃

隶属于胡桃科胡桃属的河北核桃(麻核桃)($J.hopeiensis$ Hu)、核桃楸($J.mandshurica$ Max.)、野核桃($J.cathayensis$ Dode),均为中国原产,野生分布广泛,生存历史悠久。

二、中国核桃生产发展历程

2 000 多年前中国先民就有栽种核桃和采果食用的历史,迄今,各地正常生长结果的 300 年以上树龄的老核桃树有很多。核桃是中国传统栽培果树和重要经济林树种。

新中国成立前全国核桃产量不足 5 万 t,基本处于自然生长和放任管理状态,产量低而不稳。20 世纪 50 年代社会趋于稳定,总产量升至 10 万 t 左右。1958 年 1 月 31 日毛泽东主席提出"陕西省商洛专区每户种 1 升核桃,这个经验值得各地研究"后,各地种植核桃的积极性高涨,种植面积不断扩大。60 年代由于政治运动的影响,总产量降至 4 万～5 万 t。70 年代社会秩序好转,总产量回升到 7.5 万～8 万 t,1978 年恢复到 10 万 t。80 年代后经过技术推广,重视技术管理,总产量达 11.74 万 t,1984 年总产量为 12.8 万 t,1986年达到 13.63 万 t(表 1-1)。

表 1-1 1956—1986 年中国核桃产量

年　代	1956—1960 年	1961—1964 年	1971—1977 年	1978—1985 年	1986 年
产量/万 t	7.67～11.43	3.59～4.17	6.51～8.07	9.14～12.81	13.63

　　1985 年核桃产量列前 5 名的省区是云南、陕西、山西、河北和甘肃，5 省共产核桃坚果 85 609 t，占全国总产量的 70.21%。此后，经过品种选育、技术研发、技术推广和资源利用，出现了一批核桃高产县。据 1985 年调查统计，年产量为 1 000 t 以上的县为 33 个，年产量为 500～1 000 t 的县为 43 个，这 76 个县的核桃总产量为 30 580 t，约占全国总产量的 25.09%。年产量为 250～500 t 的县为 62 个，总产量为 18 090 t，占全国总产量的 15%～20%。但与先进国家相比，中国在单株产量、单位面积产量和坚果品质等方面仍有很大差距。虽然在增产技术推广、实生树改劣换优、积极防治病虫害、普及良种等方面做了大量工作，但由于多年沿用实生繁殖、嫁接技术不成熟、管理技术粗放、实生劣种数量大、立地条件差、技术推广力度不足和覆盖面积小等原因，造成产量低而不稳、坚果品质差。

　　20 世纪 80 年代后期到 90 年代中期，改革开放力度加大，随着各地发展核桃生产积极性的不断增强、嫁接技术的成熟和推广、优良品种和增产技术的广泛应用，栽培面积迅速增加，各地园貌普遍改善，总产量明显提高。1990 年全国核桃总产量达到 14.96 万 t。列产量前 5 名的省区是云南、山西、陕西、四川、甘肃，5 省产量占全国总产量的 68.54%。同时，涌现出一批高产核桃园和高产树。

　　90 年代后期到 2010 年，在国家经济快速发展和对农业扶持政策的推动下，农村产业结构得到优化调整，实施退耕还林政策，嫁接育苗技术得到推广，优良品种被广泛应用。核桃栽培面积迅速扩大，总产量迅速增加。市场供需两旺，价格连续攀升，加快了核桃产业的发展速度。到 2010 年中国核桃总产量达 106.06 万 t，为 2000 年总产量的 3.42 倍和 1990 年的 7.08 倍。

　　中国核桃是传统出口外销的重要农产品，曾在国际市场中享有盛誉。据记载，1921 年出口核桃 6 710 t，20 世纪 30～40 年代降至 1 000 t 以下。60 年代，核桃出口量占世界核桃市场的 40%～50%，主要出口国是英国和联邦德国。70 年代以后，在美国核桃品种化和良好品质的冲击下，中国核桃在国际市场的份额降至 20%～30%，售价比美国核桃低 30%。其主要原因是中国核桃没有品种名称、缺少标准规格、坚果优劣混杂、品质较差、包装不规范等。

　　近年来，国内核桃市场需求旺盛，销售价格逐年上涨，种植效益显著增加。据不完全调查，市场平均每千克售价 1998 年为 6 元，2006 年为 16～18 元，2012 年为 40～50 元。在市场价格的刺激和驱动下，核桃种植面积不断扩大，种植模式不断创新，栽培技术逐年优化，品种化、嫁接化、规范化、产业化程度明显加强，单株产量和单位面积产量逐年上升。到 2010 年全国核桃种植面积达到 240 万 hm²，其中收获面积约 90 万 hm²，总产量 106 万 t。收获面积和总产量均居世界首位。

同时，各地在规模发展、经营形式、种植模式等方面都有令人瞩目的发展。各地核桃生产基地、专业合作社、核桃协会、种植大户先后兴起，独资开发、合资开发和集资开发等核桃经营方式多种多样。连片生产基地规模几十公顷到上千公顷（从数百亩、千亩到万亩以上）。这些生产基地大多用高起点、高投入、集约化管理、标准化生产的理念指导建设和发展，大大促进了中国核桃产业的现代化进程。一些主营核桃的科技企业和加工企业不断涌现和茁壮成长，形成从优良品种育苗、规模种植到贮藏加工和市场营销的产销一体化产业链，带动了千家万户果农共同致富。

中国核桃的流通市场先后经历了新中国成立初期多渠道自主经营及供销社为主的计划管理阶段、改革开放初期国营和集贸市场自由经营共存阶段、市场化多渠道经营阶段。20 世纪 80 年代中期初步形成了以批发市场为中心、以农资市场为基础、直销配送超市为补充的市场流通体系，同时，涌现出以经营核桃为主业的龙头企业，以及专业协会、专业合作社、经纪人等，促进了核桃产业的持续发展和市场繁荣。

据分析，由于国内核桃市场价格远高于国际市场价格，造成近年中国核桃出口量减少且波动较大。据报道，中国出口核桃坚果 1996 年 1 650 t，1999 年 4 750 t，2001 年 1 180 t，2002 年 2 390 t，2005 年 1 500 t（同年美国出口核桃坚果 52 790 t，年际间变化不大）。

第二节　中国核桃产业发展的主要成就和存在的主要问题

一、主要成就

1. 种植规模和效益

随着农村经济和产业结构的变化和优质丰产技术的推广，核桃生产从过去的放任、粗放和半粗放管理，正在向重视品种应用、科学管理、集约经营和规模种植方向加快转变，种植效益和农民收入不断增加。

①全国种植面积从 1990 年的约 92 万 hm² 发展到 2010 年的约 2 467 万 hm²，

5

总产量从 1949 年的不足 5 万 t 发展到 2010 年的 106.06 万 t。

②新中国成立前基本没有经过科学鉴定的正规核桃品种。当时驰名中外的石门核桃、汾州核桃、漾濞核桃以及 1959 年开始引种和推广的新疆早实核桃均为地方优良农家品种。1990 年国家林业局第 1 次颁布并推广了 16 个自主选育的早实核桃优良品种，各地先后经过杂交、选育的优良品种有近百个，在核桃品种化和促进核桃发展中发挥了重要作用。此外，还从美国等国引进了一批优良品种。

③嫁接技术的成熟和推广应用，为实现核桃品种化、嫁接化和苗木分级提供了技术保证和支撑，为实现核桃产业化奠定了基础。

④科技成果的推广为实现优质、丰产、高效核桃园管理创造了条件，各地在选用品种、规范建园、集约管理、采后增值等方面都取得了明显进步和提高。

⑤国家和地方制定的以提高产品质量为目的的苗木、坚果、种仁、加工品等产品标准和生产技术规程先后颁布，为促进核桃产业发展和检查、监督产品质量提供了依据。

⑥伴随核桃产业发展，经营方式从过去的农户分散经营发展到国家、集体、个体的多元化经营。生产基地、专业合作社、核桃协会、专业大户等生产、组织形式的出现为核桃生产向现代农业发展创造了有利条件。

⑦坚果和种仁加工企业发展迅速，促进了核桃产业优化发展。

《大姚核桃》(闪家荣，2010 年)载，2009 年云南省核桃种植面积为 160 万 hm²，总产量为 30 万 t，产值为 73.9 亿元，面积和产量均居国内第 1 位。省内各类核桃产品贮藏和加工企业为 108 家，从业人员为 3 049 人。年贮藏加工核桃 4.8 万 t，产值近 3 亿元，延长了核桃产业链，增加了产品附加值。云南大理 2009 年核桃种植面积为 27 万 hm²，年产坚果 11.8 万 t，产值为 35 亿元，为省内面积最大的核桃产销基地。大姚县 2009 年核桃种植面积为 5 万 hm²，产值达 2.6 亿元，农民人均核桃收入 1 004 元。该县三台乡人均核桃收入达到 5 682元。

《云南省核桃产业发展规划》提出：实施"政府倡导、部门指导、农民主导、企业参与"的发展模式，省财政每年支持核桃产业发展资金 1.3 亿元。加快对产业急需的关键技术和瓶颈技术研究，加大科研成果转化力度，大力推广成熟实用科技成果，在主产区建立科技示范基地，把先进实用技术送入千家万户。

2. 主要科研成果和应用

①1959—1962 年，在北京林学院王林教授的倡导和推动下，开展了新疆良种核桃引种工作，先后从新疆引入纸质、露仁、早熟丰产、隔年、薄壳、丰产、木马、厚壳 8 个早实薄皮、丰产抗病核桃优良品系，并在各地试种推

广。从而改变了内地核桃结果晚、产量和效益低的局面，并为杂交和选育优良品种提供了有利条件。

②1960年，辽宁省经济林研究所的刘万生以新疆早实核桃为亲本，杂交选育出了辽宁系列优良早实核桃品种，在国内20个省、市、自治区推广应用。

③1978—2005年，科研院所和相关高校通过杂交育成22个核桃新品种，通过实生选优培育出33个核桃优良新品种。1983—1984年，从美国、罗马尼亚和日本引进14个核桃优良品种，其中很多优良品种已在各地生产中推广应用。

④1979年，全国核桃协作组通过各省市区推荐和评比，选育出中国第1批16个早实核桃优良品种和优系。

⑤1981—1985年，河北农业大学成功推出采用接穗蜡封、塑膜严包接口替代接口包土的高接换优技术，使接头成活率达90%以上，接穗成活率达75%以上。为简化高接技术和改造实生低产树提供了成熟技术，在河北省太行山区7县及其他核桃产区推广应用。

⑥1980—1984年，山西省林业科学研究所和河北农业大学分别进行了核桃疏雄试验，结果表明疏雄可提高坐果率18%～20%，增加产量30%左右，受到各地重视和应用。

⑦1971—1980年，山东省果树研究所、辽宁省锦西市和河北省太行山7县分别进行了人工辅助授粉试验，结果表明可提高坐果率12%～16%，为增产提质提供了技术依据。

⑧1980—1984年，山东省果树研究所采用早实核桃优良品种，建立了中国第1个核桃密植园。株行距2m×3m，第2年单产1 653 kg/hm²；株行距3m×4m，单产1 023 kg/hm²；株行距4m×6m，单产477 kg/hm²。为核桃密植丰产提供了有益的参考。

⑨1981—1982年，山东果树研究所和北京市林业果树研究所分别用乙烯利(3 000～5 000)×10⁻⁶的水溶液浸沾核桃青果，经过5d，脱青皮率达95%以上，一级坚果比对照提高52%。

⑩1982—1985年，河北农业大学在河北省太行山核桃增产技术开发中推广实施土壤改良、水土保持、整形修剪、人工授粉、病虫防治和高接换优等综合技术，7个试点县平均增产19.4%～41.7%。

⑪1999—2001年，河北农业大学与赞皇县林业局、定州市林业局共同完成的"核桃高效芽接理论与技术研究"，2001年通过省级鉴定。该成果在河北、山东等5省市推广应用。

⑫1988年，国家标准局颁布中国第1部《核桃丰产与坚果品质》标准。

⑬1990年，国家林业局公布中国自主选育的16个早实优良核桃品种在全国多地引种，为推进中国核桃品种化发挥了重要作用。

⑭1984年，中国林业科学研究院从美国引进多个类型黑核桃，并在北京、河南、陕西等地试验种植，丰富了中国核桃种质资源和材果兼用类型。

⑮2005年，河北核桃（麻核桃）新品种"艺核1号"通过省级鉴定和品种审定，命名为"冀龙"，成为中国第1个工艺型麻核桃品种，被多地引种。

此外，多所科研院所和高校近年在核桃根系发育、叶片光合速率、叶片主要元素含量季节变化规律、孤雌生殖、枝干伤流、果实发育与叶片酶谱关系、组织培养、枝条含水率与抽条关系、雄花序的内含物分析、采果时期与坚果品质关系、产量预测预报、组织培养、扦插生根、嫁接伤口愈合机制等方面进行了广泛深入的研究，并取得了丰硕成果。

二、存在的主要问题

①一些地方规模发展缺少科学规划，存在重当前轻长远、重发展轻管理、重产量轻质量、重产出轻投入等现象。

②品种区域化程度低，不能因地制宜地选用适合本地条件的优良品种和主栽品种。

③苗木市场品种杂乱，监管不力，质量相差悬殊，造成建园品种混乱，遗患很多。

④种植分散和管理粗放是造成单位面积产量不高、坚果品质较差的主要原因，仍是当前存在的主要问题。

⑤现有管理技术规程、苗木和产品标准不能落实到位，监督管理不力。

⑥追求密植但缺乏密植园管理相应技术，造成早期行间郁闭、透光不良、产量降低、坚果品质变差。

⑦产区科技推广力量薄弱、管理经费不足，造成规模发展与技术管理失调。

⑧一些生产基地、核桃之乡强调种植面积和产量，未能发挥示范作用。

第三节 中国核桃产业发展前景

一、中国核桃产业在世界上的地位

20世纪80年代以来，中国核桃产业从低迷状态步入积极发展阶段，各地种植优种核桃的热情不断升温。进入21世纪，中国核桃的种植面积和总产量与年俱增，二者均居主产国之首，令世人瞩目。但在兴奋的同时，还应冷静分析当今国际核桃产业的发展态势和中国核桃在国际市场中所占的份额，看清中国核桃产业在国际环境中所处的位置。应当承认，中国核桃产业在集约经营、规范管理、产业结构、品种区域化、单位面积产量和坚果品质等方面与先进国家相比还有较大差距。因此，认为中国核桃产业正处于从产业大国向产业强国的过渡阶段，是比较客观和恰当的。

二、中国核桃产业的发展潜力

中国核桃产业从种植面积和总产量大国发展成效益强国，具有巨大的潜力和明显的优势。

①中国核桃适生区域广泛，待开发利用的土地资源丰富。南方和北方成功发展核桃生产的实践证明，在多种立地、生态、气候条件下，采用适宜品种建立的核桃园生长发育良好。

②中国自主选育的优良品种和优良品系很多，既有区域适应性广泛的品种，也有特点各异、多用途的品种，为核桃产业发展提供了优越条件。

③城乡居民对核桃的需求量不断增加，消费市场广阔，消费群体庞大。从发展内贸为主、外销为辅的角度出发，重点着眼国内消费市场，特别是广大农村地区，市场扩张空间大。

④各地发展核桃生产的积极性空前高涨。在市场拉动和价格的刺激下，各地种植优种核桃的积极性很高，技术培训班受到热烈欢迎，优良品种苗木供不应求。

⑤推动核桃产业发展的科技成果应用成效显著。多项科研成果在生产中发挥出显著效果，为核桃产业发展提供了强劲的技术支撑。

⑥各级政府把发展核桃产业列入工作日程，从政策、资金、技术等方面给予实质性的支持和帮扶，为促进产业发展提供了保证。

⑦龙头企业带动产业发展，产销一体化格局逐步壮大。各级各类核桃生产和加工企业，在带动核桃种植、管理、销售等方面发挥了显著作用。

⑧各地核桃生产基地、专业合作社、核桃协会、生产大户等在经营方式、选用品种、优化管理、产品加工和销售等方面的作用得到提升，为核桃生产实现组织化、规模化和规范化创造了有利条件。

三、中国核桃产业发展前景

提高核桃产业的整体效益和种植者的实际收益是产业持续健康发展的核

心动力。品种区域化、集约式经营、规范化管理，提高单位面积产量和坚果品质，实行采后增值处理和产销一体化，是推动核桃产业发展的关键和动力。

从国际核桃市场看，中国核桃从传统出口优势降为劣势，主要是品种不优、坚果质量不高、市场竞争力不强等原因所造成的。充分利用和发挥中国当前核桃产业优势和潜力，切实执行已有的技术规范和产品标准，提高产品的科技含量，变优势为强势、变潜力为效益是完全可能的。

从国内核桃市场看，农村人均消费核桃量仍然很低，城市居民对核桃的保健功能的认识不断增强，对核桃的需求量将日益增加。据报道，中国 13 亿人口人均消费量若从过去的 0.60 kg 提高到 1.0 kg，那么对核桃需求量将大幅度增加。近年来，以核桃仁为主料或辅料的食品种类不断增加，很受市场和消费者欢迎。此外，木材、化工、医药、净化、美容、菜肴、绿化等多方面功能的开发利用，都是拉动核桃产业发展的动力。

为了应对国内外核桃市场对优质坚果的强势需求，中国核桃产业必须在品种优化、区域发展、果园集约管理、加强采后增值处理、努力提高坚果品质和单位面积产量、实现产销一体化等方面做大量的工作，为市场提供更多更优的产品，实现核桃产业持续健康发展，这是从产量大国走向效益强国的必由之路。

首届中国核桃大会（云南楚雄大姚，2008 年）发布的《大姚宣言》中提出：作为世界核桃的种植面积和产量大国，中国核桃产业在世界核桃产业中具有重要地位和作用。但必须清醒地看到，中国的生产技术和生产方式仍较落后，产品缺乏竞争力，在科技、规模、品质等方面尚处于初级水平，面临严峻挑战。《大姚宣言》号召核桃产业界紧紧围绕"提升产业、打造品牌"的主题，调动各方力量，采取有效方式，推动中国核桃产业持续、快速、健康地发展。

参 考 文 献

[1] 裴东，鲁新政．中国核桃种质资源 [M]．北京：中国林业出版社，2011．
[2] 郗荣庭，张毅萍．中国果树志·核桃卷 [M]．北京：中国林业出版社，1996．
[3] 郗荣庭，刘孟军．中国干果 [M]．北京：中国林业出版社，2005．
[4] 侯立群．中国核桃产业发展报告 [M]．北京：中国林业出版社，2008．
[5] 陕西果树研究所．核桃 [M]．北京：中国林业出版社，1980．
[6] 郗荣庭，张毅萍．中国核桃 [M]．北京：中国林业出版社，1992．

第二章　国内外核桃产业现状

核桃属世界性果树和重要经济林树种，分布非常广泛，主要分布在亚洲、美洲和欧洲，3 个洲的产量约占世界核桃产量的 95％以上。2010 年总产量位居前 3 位的是中国、美国和伊朗。带壳核桃出口贸易量位居前 3 位的是美国、法国和乌克兰，其中美国的带壳核桃和核桃仁出口量均占世界贸易量的 40％以上。中国核桃产业获得长足发展主要是在 20 世纪 80 年代以后，2010 年全国种植面积和总产量均位居世界首位，但从生产效益方面分析，中国还不是核桃产业强国。本章从中国核桃产业的发展现状分析出发，提出了发挥比较优势、改变比较弱势、做强核桃产业的具体设想。

第一节　世界核桃产业现状

胡桃科(Juglandaceae)有 9 属 71 种，主要分布于亚洲、欧洲、南美洲和北美洲，大洋洲有少量分布。中国有 7 属 27 种，用于收获坚果而广泛栽植的是核桃(*J. regia* L.)和泡核桃(*J. sigillata* Dode)。世界上生产核桃的国家有 60 多个：亚洲主要生产国有中国、印度、韩国、日本、朝鲜、哈萨克斯坦、吉尔吉斯斯坦、伊朗和土耳其，欧洲主要生产国有法国、意大利、德国、西班牙、乌克兰、英国和罗马尼亚，美洲的主要生产国有美国、巴西、玻利维亚、墨西哥和智利，大洋洲的澳大利亚和新西兰以及非洲的埃及生产量较少。联合国粮农组织 2011 年的统计数据表明(表 2-1)，2010 年世界可收获核桃栽植面积为 84.6 万 hm^2，总产量为 254.54 万 t。其中，亚洲核桃收获面积为世界总面积的 59.41％，坚果产量占世界总产量的 63.17％，位居第 1 位。美洲核桃收获面积为世界总面积的 21.70％，产量占世界总产量的 22.72％。欧洲核桃收获面积为世界总面积的 17.82％，产量占世界总产量的 12.87％。非洲和大洋洲 2 个洲总产量占世界总产量的不到 1.24％。由表 2-1 可知，亚洲、美洲、欧洲的产量约占世界核桃总产量的 98.76%。

表 2-1　2010 年世界各大洲核桃收获面积及产量

项　目	亚　洲	美　洲	欧　洲	非　洲	大洋洲	世　界
收获面积/hm²	502 645	183 562	150 808	9 044	—	846 059
单产/(kg/hm²)	3 198.7	3 150.8	2 172.6	3 488.2	—	3 008.5
总产量/t	1 607 810	578 368	327 641	31 547	22	2 545 388

据联合国粮农组织 2011 年统计数据显示，2009 年世界核桃出口贸易总量为 41.46 万 t。其中，核桃仁出口总量为 17.86 万 t，带壳核桃的出口总量为 23.60 万 t。2005—2009 年核桃出口量统计见表 2-2。

表 2-2　2005—2009 年世界核桃出口量　　　　　　　（单位：t）

产品	2005 年	2006 年	2007 年	2008 年	2009 年
带壳核桃	137 678	147 043	154 174	156 597	178 565
核桃仁	129 018	127 181	139 041	127 741	236 021
总量	266 696	274 224	293 215	284 338	414 586

第二节　主产国生产和销售概况

中国和美国是世界核桃生产大国，2005—2010 年中国和美国的核桃产量一直位居世界前 2 位。两国核桃产量占世界核桃产量的比重从 2005 年起一直呈上升态势，2010 年达到历史最高点（56.64%）。图 2-1 所示为各主要生产国 2005 年和 2010 年核桃产量占世界产量的份额（联合国粮农组织统计数据），从中可以看出：中国、美国、伊朗和土耳其生产的核桃占世界核桃产量的大部分，其总和从 2005 年的 64% 上升到 2010 年的 75%，其中又以中国核桃产量增加最快，这与中国近年来大力发展核桃产业是分不开的。

图 2-2 显示了 2005—2010 年世界各主要核桃生产国的产量变化情况（联合国粮农组织统计数据）。2005—2010 年中国核桃产量和增速明显领先于其他国家，2010 年中国核桃产量为 106.06 万 t，比 2005 年增长了 113%，而同期世界核桃产量平均增速仅为 45%，其中美国增长 28%，伊朗、土耳其分别增长59% 和 19%。

世界核桃仁出口贸易量超过 5 000 t 的国家有美国、乌克兰、墨西哥、摩尔多瓦、智利和印度。带壳核桃出口贸易量超过 5 000 t 的国家有美国、法

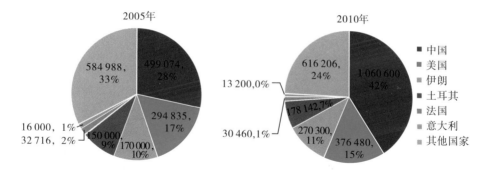

图 2-1　2005 年和 2010 年主要核桃生产国的产量(万 t)和份额(%)

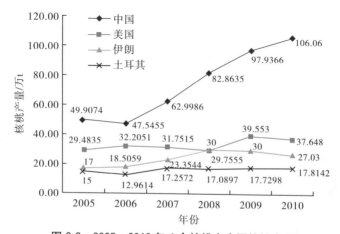

图 2-2　2005—2010 年 4 个核桃主产国核桃产量

国、乌克兰、墨西哥、智利和中国。其中美国的核桃仁和带壳核桃的出口量均占世界出口总量的 40% 以上，远远高于其他出口国。

美国是核桃生产大国，而其总产量的 99% 集中于加州。该州共有 5 300 家核桃种植户和 58 家加工营销户，其中的 600 多家种植户经营着 60% 的核桃园，园主都具有很高的专业知识和生产技术水平。美国钻石核桃公司由 2 200 个核桃业主组成，每年收购的核桃约占全国产量的 50%，每天可收购核桃果实 4 000 t，并具有能贮存 6.5 万 t 果实的冷库。其壳仁分离术、风选果仁、激光果仁分色、声学果仁分级等技术世界领先，保证了坚果和果仁的优质水平，在 90 kg 果仁中不出现一个壳片。

1987 年成立的加州核桃协会(CWC)隶属加州政府，代表着 4 000 多个种植户和 50 多家加工营销商。加州核桃营销委员会由 8 个种植户、2 个营销商和 1 位公众代表组成，其主要任务是开发国际核桃市场。

第三节 中国核桃产业概况

一、产业概况

1. 科技成果转化，推广应用广泛

2011年，国家林业局的"核桃增产潜势技术创新体系"获国家科技进步二等奖，该成果推广应用于太行山区、秦巴山区、云贵高原、黄土旱塬区、新疆沙漠绿洲区等区域的8个核桃主产省（区）的169个县（市、区），1990—2010年推广面积达137.7万 hm^2，单位面积产量由373.5 kg/hm^2 提高到1 470 kg/hm^2。

2. 嫁接技术成熟，优良品种普及

以前阻碍中国核桃发展的主要原因有2个：一是优良品种少，二是嫁接成活率低。近年，核桃科技工作者先后选育了近百个核桃优良品种以适应不同栽培地区的需要，如中国林业科学研究院林业研究所育成的中林1～5号，辽宁省经济林研究所育成的辽宁1～10号、礼品1～2号，西北农林科技大学育成的西林1～3号、西洛1～3号、西扶1～2号，山西林业科学研究院选育的晋龙1～2号、晋香、晋丰、晋薄1～4号，山东省果树研究所育成的鲁光、香玲、鲁果1～8号，新疆林业科学研究院选育的温185、扎343、新新2号、新丰，河南省林业科学研究院选育的薄丰、绿波，河北昌黎果树所选育的天桥1号、曲里3号，河北农业大学选育的赞美、麻核桃冀龙，北京农林科学院林业果树研究所选育的薄壳香、北京861，等等。

近年，云南省林科院以泡核桃和新疆早实核桃为亲本杂交，育成了云新高原、云新云林、云新301、云新303、云新306，云南省大理州林业局育成了漾杂1号、漾杂2号、漾杂3号等泡核桃新品种。

上述品种在中国品种优化方面发挥了重要作用。

此外，我国还引进了一些国外主栽核桃品种，如美国的Amigo、Chandler、Chico、Hartly、Serr和日本的清香等。

为了提高栽培品种的一致性、稳定性和栽培条件下的品种抗性，山西林科院2011年选育出核桃优良砧木新品种晋RS-1系，并通过了山西省林木良种审定委员会审定。

由于核桃无性繁殖比较困难，我国多年一直沿用实生繁殖，导致苗木良莠混杂、产量低而不稳，严重制约了我国核桃产业的发展。随着核桃嫁接技

术研究的不断深入，难题被不断攻克，嫁接繁殖技术日臻成熟，大大加快了我国核桃良种的推广普及。

芽接方法是我国应用最广、成本最低、成活率最高的核桃优良品种繁育苗技术，具有繁殖速度快、省工、省料、成本低、苗木质量高等优点。枝接多在大砧育苗和大树高接换优时应用。

3. 栽培面积不断增加，产量逐年上升

在国家经济迅速发展的带动下，中国各地种植核桃的积极性空前高涨，西南诸省区尤为明显。据国家统计局资料，2009年与2005年比较，全国种植面积增幅为96.24％。北方核桃主产区陕西、河北、山西、辽宁4省的平均增幅为30.97％，南方泡核桃主产区云南、四川、贵州、重庆的平均增幅为103.15％。另据林业部门提供的数据，2006年以后云南省财政每年筹资1.3亿元用于扶持核桃产业发展，至2008年云南省核桃种植面积达82.4万 hm²，其中大理州超过27万 hm²，有各类核桃加工企业110多家，产品涉及核桃坚果、核桃仁、核桃油、核桃胶囊、核桃粉、核桃含片、核桃乳、工艺品等，这些企业的发展带动了核桃种植面积的不断扩大。

国家统计局2011年数据显示，中国核桃单位面积产量呈逐年上升趋势（图2-3），主要原因是良种推广和农民重视栽培管理。伴随着核桃价格的不断上升及巨大的市场需求，核桃生产的效益将有更大的发展空间。

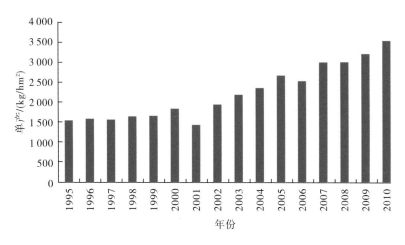

图2-3　中国1995—2010年核桃单产

4. 市场需求旺盛，种植效益显著

核桃的坚果不仅营养丰富，而且具有很高的医疗和保健价值，是人们喜爱的绿色保健食品，市场供销两旺，价格逐年上涨。近年国内市场核桃坚果平均价格为：1998年6元/kg，2000年7～8元/kg，2001年8元/kg，2002—

2004 年 8～10 元/kg，2005 年 12～14 元/kg，2006 年 16～18 元/kg，2007—2008 年 20～24 元/kg。优质高档核桃的市场价格达到 40～60 元/kg。

5. 种植模式多，规模发展

发展核桃的主力军是千家万户的果农。著名核桃之乡云南省漾濞县和永平县 2 县核桃总面积近 7 万 hm²，其中 80％以上属于一家一户的家庭种植模式。在这种模式中，又有独资、合资等多种经营形式。此外，社会力量和有志于发展核桃产业的企业家也在集资开发核桃种植基地。这类基地从几公顷到几十公顷，甚至数百公顷不等。基地建设坚持高起点、高投入、管理技术水平较高的建设理念，建设步伐较快，成效明显(图 2-4)。

图 2-4 云南省永平县龙街镇岩北村万亩泡核桃基地

二、坚果产量

1. 1990—2010 年变化

改革开放以来，中国核桃生产得到了较快的发展，尤其得益于国家经济快速发展、农村产业结构调整、退耕还林和多项优惠政策的实施和落实，以及嫁接育苗技术推广和优良品种在生产中的广泛应用，在提高坚果产量和品种化方面效果显著。据联合国粮农组织 2011 年统计数据显示，2010 年中国核桃产量达 106.06 万 t，为 2000 年的 3.42 倍、1990 年的 7.08 倍(图2-5)。

2. 2010 年部分省(区、市)产量及所占份额

表 2-3 根据国家统计局 2011 年的数据制作，给出了 2010 年中国多数省(区、市)的核桃产量及所占全国总产量的份额。其中位列前 10 位的依次是云南、新疆、四川、辽宁、湖北、河北、山西、山东、陕西和河南，这 10 个省的核桃产量占全国核桃产量的 91.17％。

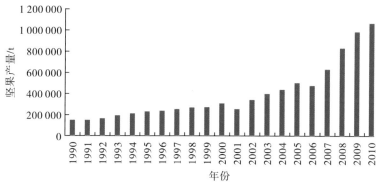

图 2-5　1990—2010 年中国核桃产量

表 2-3　中国 2010 年部分省(市、区)核桃产量及份额

省份	产量/t	份额/%	省份	产量/t	份额/%	省份	产量/t	份额/%
北京	11 279	0.88	福建	36	0.01	贵州	15 356	1.20
天津	814	0.06	江西	91	0.01	云南	353 301	27.51
河北	74 392	5.79	山东	62 187	4.84	山西	65 156	5.07
辽宁	92 499	7.20	河南	55 407	4.31	陕西	60 488	4.71
吉林	8 339	0.65	湖北	92 286	7.19	甘肃	36 288	2.83
西藏	7 589	0.59	湖南	5 484	0.43	青海	391	0.03
广西	929	0.07	重庆	7 881	0.61	黑龙江	2 453	0.19
宁夏	49	0.01	安徽	16 402	1.28			
新疆	189 144	14.73	四川	126 109	9.82			

注：份额不足 0.01% 的(福建、宁夏)按 0.01% 计算。

第四节　中国核桃产业发展的比较优势和弱势

一、比较优势

1. 种植面积最大，总产量最高，发展潜力巨大

资料显示：2002 年全国核桃栽植面积约有 90 万 hm²，坚果总产量为 34.3 万 t，2010 年种植总面积达 240 万 hm²，其中收获面积近 30 万 hm²，坚果总产量达 106.06 万 t。种植面积、收获面积和总产量均居世界第 1 位。

2. 国家及地方政府的大力支持

2008 年《中共中央、国务院关于全面推进集体林权制度改革的意见》中

规定：对森林抚育、木本粮油、生物质能源林、珍贵树种及大径材培育给予扶持。同年11月，国务院发布《国家粮食安全中长期规划纲要(2008—2020年)》提出，要加快提高油茶、油橄榄、核桃、板栗等木本粮油品种的品质和单产水平，增加木本粮油供给。2010年中央一号文件提出：大力发展油料生产，积极发展油茶、核桃等木本油料。2011年国家林业局从我国油料市场的角度考虑，把种植核桃提升到战略经济林的地位，为核桃产业的持续发展注入了新活力。同时，一些地方政府特别是核桃主产区政府高度重视，制定核桃产业发展目标，给予政策和资金的大力支持。如云南省委、省政府出台了《加快核桃产业发展意见》，仅2008—2009年省财政就投入2.7亿元，并明确今后每年省财政投入核桃产业1.3亿元专项资金，2009—2012年省财政每年安排1 000万元专项工作经费，用于开展技术指导、检查验收等工作。贵州省政府规划2018年发展核桃种植面积120万 hm^2，"十二五"期间完成66.7万 hm^2。陕西省政府发布了《加快推进核桃等干杂果经济林产业发展的意见》，把核桃作为5大干果之首重点扶持。新疆维吾尔自治区党委、政府先后2次出台《加快林果产业发展的意见》等政策，区财政每年安排投资5 000万元发展包括核桃在内的林果业，加上地(州)、县的投入，全区每年用于发展核桃等为主的林果业资金超过亿元。

3. 优良品种和管理技术快速普及

北方的核桃和南方的泡核桃均有千年以上的栽培历史。历史发展和科技进步，促进了主产区品种良种化和管理技术的进程，核桃和泡核桃多种类型、品种在生产中发挥着优势，劣种低产园不断改造更新，各种栽培方式和规模不断发展，优质、丰产、高效、安全的管理技术得到广泛普及和应用。

4. 市场需求旺盛，发展潜力巨大

伴随国家粮油战略的调整及人民生活水平的不断提高，国内对于核桃产品的需求不断增加，核桃产业呈现出巨大的发展空间。按照我国人均每年消费1 kg核桃坚果预测，2011年全国人口为13.7亿，则需要核桃137万 t，而我国目前的供给能力为该量的77.37%，缺口只能靠进口解决。若用作木本油料树种，按照我国推广的品种3 kg核桃坚果提炼1 kg核桃油计算，如用核桃油解决我国20%的食用油原料，则需要每年生产核桃坚果1 500万 t，总产量需要增加近14倍，可见核桃产业发展空间巨大。

二、比较弱势

1. 经营管理粗放，技术投入不足，单产面积产量低而不稳

据资料显示，2010年中国核桃的收获面积约为30万 hm^2，约占世界核桃

总收获面积的 35％，是美国的 3.27 倍。单位面积平均产量为 3 541 kg/hm²，仅略高于世界平均水平的 3 008 kg/hm²，远低于核桃生产先进国家，如美国、埃及和伊朗的平均单产分别为 5 005 kg/hm²、5 328 kg/hm² 和 4 460 kg/hm²。而且年际产量变化幅度较大，品质良莠不齐，市场竞争力差。必须看到中国除少数主产区注意加强核桃园和树体管理外，大部分种植区仍处于粗放管理或放任生长状态。新中国成立前和成立初种植的核桃树，大部分种在耕地四周、梯田外侧，这些树至今仍在结果，承担着我国总产量中的较大份额，但因为立地条件差、树势衰弱，产量较低。即使在大块良田上建的核桃园，由于很少进行施肥灌水和整形修剪等栽培管理措施，大多表现为树势衰弱，结果甚少甚至无产量。

2. 实生树数量多，品种类型混杂，坚果品质良莠不齐，商品性状较差

在良种化发展进程较快的形势下，各地仍然存在大量的实生核桃树，加上使用品种数量多而杂，以及地理、气候等因素的影响，导致当地栽植的核桃品种和类型多种多样，在结实早晚、丰产能力、果实品质风味等方面都有很大的差异，造成管理困难、效益差别较大。如早实品种栽后第 2 年就结果，晚实品种则 10 多年还不结果；大果型坚果 1 kg 40 个左右，小果型坚果 1 kg 80～100 个；丰产树 24 年生单株产量 121 kg，低产树中有 20 年生单株产量不到 1 kg 的；出仁率高的在 84％ 以上，低的不足 35％，等等。此外，仁色有浅有深、口味有香有涩、壳皮有薄有厚等，也是造成坚果品质和商品性状较差的重要原因。

3. 育种工作方向需要重新定位

以前我国对核桃品种的评价从 3 个方面考虑：丰产性能，坚果品质，抗逆性。现在评价优良种还必须考虑在管理成本不变甚至降低的基础上，收获更多的优质坚果，以取得最高的经济效益。由于我国核桃生产技术较为粗放，单位面积产量较低，所以育种目标主要考虑培育和选择产量高而稳定的品种，而忽视区域化砧木和专用品种的选育要求。面对核桃产业发展和核桃被列为木本油料战略树种的新形势，应根据我国核桃产业发展趋势，选育区域化优良砧木和富含蛋白质及含油量较高的品种，这应成为今后育种工作的重点。

据赵宝军等的资料，美国加州核桃的育种目标是：

①发芽晚，有利于躲避晚霜和雨季，减少枯萎病。

②侧芽结实率高，结果早。

③第 4 年的产量超过 500 kg/hm²，盛果期的产量大于 6 t/hm²。

④坚果大，表面光滑，缝合严密。

⑤出仁率＞50％，仁饱满，仁色浅。

⑥单果重 7～8 g，取整仁容易。

⑦抗病力强。

4. 国际市场中国核桃份额锐减

在国际核桃市场，中国曾一度与法国、意大利形成三足鼎立的局面。20 世纪 70 年代中国核桃出口居世界第 1 位，占世界贸易量的 50％以上。1986 年以后中国核桃的出口量急剧下降，从年出口量 1 万 t 降到几百吨。1990 年 以后中国的带壳核桃几乎被挤出欧洲市场，只有云南的带壳核桃销往中东市 场。北方带壳核桃除销往韩国几百吨以外，其他国家已无中国的带壳核桃。 究其原因，主要是中国核桃品质优劣混杂、大小不均、外观欠佳，产品质量 难以和国外产品抗衡。目前，中国只有核桃仁出口欧洲、日本、加拿大、新 西兰和中东，年出口量为 1 万 t 左右。

近年来，国内核桃市场需求空间增大，销售势头良好，但价格高于国际 市场，外销出口量总体呈现下降趋势，进口数量有所增长。

5. 成本核算意识淡薄

精明的生产者和经营者非常关注所经营果园的经济效益，重视生产成本 投入和产品销售收入的核算分析。从果园的经济核算可以评价各种规模核桃 园的经营效益和经营前景，是一些先进国家核桃园每年必做的一项重要工作。

由于劳力成本低、农家肥料取用方便，中国大部分核桃园长期以来管理 粗放、资金投入少，仍处于重产出轻投入甚至不计成本的状态。在核桃生产 者和经营者中，经济效益分析和成本核算意识淡薄。相信在逐渐成熟的市场 经济体系的促进下，中国核桃产业将逐步向经济效益型产业转变，并参与国 际市场竞争。

参 考 文 献

[1] 蒋建兵，王玺，王芸芸．世界核桃产销形势分析 [J]．山西果树，2012(1)：58-59.

[2] 侯立群，赵登超，韩传明．中国核桃产业发展形势分析 [EB/OL]．2010-04-27，ht-tp：//www．zggm．org/

[3] 赵宝军，宫永红，刘广平，等．美国加州核桃遗传改良研究现状 [J]．干果研究进 展，2007(5)：121-124.

第三章　种质资源和开发利用

核桃和深纹核桃是种质资源极为丰富的古老果树。据考古发现，山东省临朐县山旺村在距今 1 800 万年（第三纪中新世）的矽藻土页岩中，保存着多种核桃属的植物化石。其中有披针叶核桃（*Juglans acuminata*）、鲁核桃（*J. miocthayensis*）、核桃楸（*J. mandshurica*）、短果核桃（*J. mand. var. naordi*）、长果核桃（*J. mand. var. tokunagai*）和山旺核桃（*J. shanwangensis*）。另外，河北省武安县磁山村曾出土距今 7 300 年左右（新石器时代）的炭化核桃。距今 6 000 年的西安半坡村原始氏族遗址中发现有核桃花粉沉积。四川省冕宁县彝海子发掘出距今 6 000 多年的深纹核桃（*J. sigillata* Dode）古木；1978 年在澜沧江流域发现了 3 500 多年前的地下深纹核桃古木。在泰山、昆仑山区的深山中至今尚有核桃楸和野核桃的遗子。西藏日喀则市年木乡胡达村境内至今尚存有千年以上的核桃树，记载为吐蕃王朝先祖达日年斯亲手种植，树高 15 m，树冠面积达 860 m²。大量事实证明，在核桃长期自然杂交和演化过程中形成了十分丰富的种质资源。

中国用于经济栽培的主要有核桃属（*Juglans*）中的核桃（*J. regia*）和深纹核桃（*J. sigillata*）2 个种。其他种类如黑核桃（*J. nigra* L.）、麻核桃（*J. hopeiensis* Hu）、野核桃（*Juglans cathayensis*）、核桃楸（*J. mandshurica*）、吉宝核桃（*Juglans sieboldiana* Max.）、心形核桃（*Juglans cordiformis* Max.）等有少量栽培或野生。

第一节　中国核桃种质资源

一、核桃

1. 植物学性状

核桃（*J. regia* L.），又名胡桃、羌桃、万岁子。落叶乔木，树高 10～25 m，干径可达1 m。树冠大而开张，冠幅直径为6～16 m。树干皮灰色，老树有纵裂。1年生枝绿褐色，无毛，具光泽，髓大，徒长枝多有棱状突起。奇数羽状复叶，互生，长30～40 cm。小叶通常5～9片，稀11片；广卵圆形或长椭圆形，长6～15 cm，宽3～6 cm，基部歪斜，先端有短尖；小叶柄极短或近无叶柄，小叶全缘或微有波状浅粗锯齿；叶面深绿色，无毛，背面淡绿色。花单生，雌雄同株；雄花序葇荑状下垂，每序有小花100朵以上，每小花有雄蕊15～20个，花药黄色，雌花序穗状，雌花单生、双生或群生。雌花子房下位，1室，柱头浅绿色或粉红色，2裂呈羽状反曲。果实为假核果(园艺分类属坚果)，圆形或长圆形；果皮肉质，幼时有黄褐色茸毛，成熟时无毛，具稀密不等黄白色斑点；坚果表面具刻沟或光滑；种仁呈脑状，被浅黄色或黄褐色种皮(图3-1)。

图3-1 核桃结果状及坚果

2. 品种资源及分布

（1）品种资源

据《中国核桃种质资源》记载，中国现有优良品种106个，实生农家类型36个，优良无性系25个，优良单株49个，特异种质资源7个，被列为地理标志产品的有7个。自20世纪90年代中国推出第1批16个早实核桃品种后，各地陆续又选育出一些新的核桃优良品种。

生产上应用的核桃品种按开始结果期分为早实和晚实2个品种群：早实核桃品种群主要优良品种有温185、扎343、辽宁1号、辽宁4号、鲁光、香玲、薄丰、薄壳香、中林1号、中林3号、中林5号、西扶1号、西林1号等，晚实核桃品种群主要优良品种有晋龙1号、晋龙2号、清香、礼品2号、西洛1号等。

（2）分布状况

核桃是中国栽培最为广泛的一个种，多生长分布于海拔400～3 200 m之间的山坡及丘陵地带，喜肥沃湿润和土层深厚的土壤。自20世纪60年代以后，国内各地陆续引种发展，种植范围不断扩大，广泛分布于华北、西北、东北、华东、华中及西南等广袤地区。西藏核桃地方品种较多，主要是从当地实生树种中选出的农家优良类型，如酥油核桃、鸡蛋核桃，而且多为古老大树。近年，引种品种有香隆1号、薄壳香等。

3. 开发利用情况

中国大部分省份的核桃产业主要在低山和丘陵区发展，许多省份栽植面积超过百万亩，形成了各具地方特色的种植模式。主要品种有：温185、扎343、新新系、香玲、中林系、辽核系、清香、晋龙、礼品、元丰、鲁光、薄壳香、西林系、西洛系等。

云南省自20世纪60年代开始引种新疆核桃，在北部高纬度、高海拔、降雨少的地区生长良好。通过多年引种实践表明，扎343、清香、新新2号、新早丰、新翠丰等品种，在大理州剑川县、滇东北昭通市、滇西北迪庆藏族自治州和四川省雅砻江流域高海拔地带，均能正常生长结果。

二、深纹核桃及其杂交种

1. 植物学性状

深纹核桃(*J. sigillata* Dode)，又名铁核桃、泡核桃、漾濞核桃、绵核桃、茶核桃等，原产于中国。落叶乔木，树高10～20 m，树皮灰色，老树呈暗褐色具浅纵裂。小枝青灰色，皮孔白色。芽卵圆形，芽鳞具短柔毛。奇数羽状复叶，长60 cm左右，小叶9～13片，顶叶较小或退化；小叶卵状披针形或椭圆状披针形，基部歪斜，先端渐尖，叶缘全缘或具微锯齿；表面绿色光滑，背面浅绿色。雄花序粗壮，葇荑状下垂长5～25 cm，小花中有雄蕊25枚；雌花序顶生，具雌花2～3朵，稀1或4，柱头2裂，初始呈粉红色，后变为浅绿色。果实倒卵圆形或近球形，表皮黄绿色，幼时有黄褐色茸毛。坚果倒卵形，两侧稍扁，壳面具深密沟纹和刻点(图3-2)。

2. 品种资源及分布

（1）品种资源

据云南省林木种子质量检验检疫站2013年公布的《云南省核桃良种目录》，云南省栽培并经云南省林木良种审定委员会正式审(认)定的深纹核桃良种有76个。在深纹核桃群体中，经过人工杂交和自然杂交形成了一些杂交种，有的已被开发利用，有的尚未开发利用或命名。

（2）分布状况

深纹核桃主要分布在中国西南各省区，其中，云南、四川和贵州分布较多，广西、西藏有少量分布，主要生长在海拔800～2 600 m地带。近年，湖南、湖北、重庆、甘肃等省有引种，分布区域不断扩大。

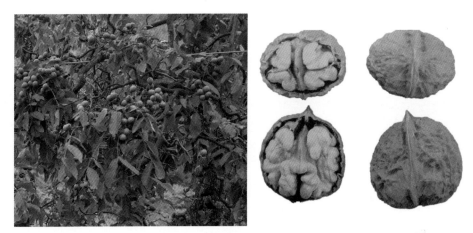

图 3-2　深纹核桃结果状及坚果

3. 开发利用概况

深纹核桃为云南省原生核桃，按当地传统分类方法，分为泡核桃、夹绵核桃及铁核桃 3 个类群。

泡核桃类群：坚果壳厚 1.2 mm 以下，出仁率 46％以上。此类群中经云南省林木良种审定委员会正式审（认）定的品种有：大泡核桃、三台核桃、细香核桃、云新高原、云新云林、云新 301、云新 303、云新 306、漾江 1 号、漾杂 1 号、漾杂 2 号、漾杂 3 号、娘青核桃、圆菠萝、桐子果、华宁大白壳、大麻 1 号、大麻 2 号、保核 2 号、保核 5 号、保核 7 号、红河 1 号、红河 2 号、乌蒙 1 号、乌蒙 2 号、乌蒙 8 号、乌蒙 10 号、乌蒙 16 号、乌蒙 19 号、鲁甸大麻、鲁甸大泡、红皮连串、丽 20 号、丽科 1 号、丽科 2 号、胜勇、胜霜、强特勒、丽科 3 号、丽科 4 号、庆丰 1 号、庆丰 2 号、东川 4 号、石林 6 号、寻倘 1 号、鲁甸大麻 2 号、巧家核桃 1 号、巧家核桃 2 号、巧家核桃 3 号、巧家核桃 4 号、永泡 1 号、永泡 2 号、永泡 3 号、弥勒 1 号、香茶核桃、华宁大砂壳、昌宁大尖嘴核桃等 76 个，是云南省的主要栽培品种。

夹绵核桃类群：坚果壳厚 1.2～1.5 mm，出仁率为 29％～45.9％。多为地方农家实生类型，主要有拔绵格、大核桃夹绵、小核桃夹绵、尖嘴夹绵、大屁股夹绵等。该类核桃各品种一般抗逆性较强，产量较高，部分地区成了“当家品种”，如阿卡门、尖嘴夹绵等。

铁核桃类群：坚果壳厚＞1.5 mm，出仁率 29％以下。主要是野生类型群体，极少人工栽培。该类群优株繁多，抗逆性特强，坚果产量较高，多用于榨油或用作砧木。随着泡核桃产业的不断发展，铁核桃的面积和产量不断减少，铁核桃产量占核桃产量的比率从 20 世纪 80 年代的 20％降至 10％以下。

近年，云南、四川和贵州泡核桃及夹绵核桃的栽培面积超过 200 万 hm²

（3 000 万亩），发展前景广阔。

三、野核桃

1. 植物学性状

野核桃（*J. cathayensis* Dode），又名华胡桃、山核桃。原产于中国。华中野核桃为其变种。落叶乔木或小乔木，树高 5～20 m。树冠广圆形，小枝灰绿色，被腺毛，顶芽裸露，锥形，黄褐色，密生茸毛。奇数羽状复叶，长 40～50 cm，长者可达 100 cm。小叶 9～17 片，无柄，长卵形或卵状短圆形，先端渐尖，叶缘具细锯齿，表面暗绿色，背面浅绿色，密生星状毛。雄花序长 18～35 cm，雄花被腺毛，雄蕊 13 枚左右。雌花序直立，花序轴密生棕褐色毛，串状着雌花 6～10 朵。果实卵圆形，先端急尖，表面黄绿色，密被腺毛。坚果卵状或阔卵状，顶端尖，壳坚厚，具 6～8 条棱脊，棱脊间有不规则排列的深密沟穴，内褶壁骨质，仁小（图 3-3）。

图 3-3　野核桃原始林、果实、坚果及高接泡核桃幼树

2. 资源及分布

野核桃自然分布于云南、四川、湖北、江苏、浙江、湖南、甘肃、陕西、山西、河南、贵州等省，主要分布在湖北、江苏、云南、四川等地，自然生长于海拔 800～2 800 m 的杂木林中。种子可食用，木材用途广泛，可用作核桃嫁接的砧木。

3. 开发利用情况

野核桃坚果富含脂肪、蛋白质、糖和维生素。每 100 g 种仁约含脂肪 40～

45 g、蛋白质 15～20 g、糖 1～15 g。壳皮可做优质活性炭，种仁是优质健脑食品。

云南省用野核桃做砧木高接泡核桃优良品种，拓宽了野核桃的利用价值和泡核桃的发展空间。

四、核桃楸

1. 植物学性状

核桃楸（*J. mandshurica* Max.），又名胡桃楸、山核桃、东北核桃、楸子核桃等。原产于中国。落叶乔木，高达 20 m 以上；树冠广圆形，树干通直。树皮灰色或暗灰色，幼龄树光滑，成年后浅纵裂。小枝灰色，有腺毛，皮孔白色隆起。芽呈三角形，被黄褐色柔毛，顶芽肥大。奇数羽状复叶，长 40～50 cm，徒长枝上的复叶长达 80 cm。小叶 9～17 片对生，椭圆形、长椭圆形或长椭圆状披针形，边缘细锯齿，表面深绿色；初时有稀疏短柔毛，背面密生短细柔毛。雄花序葇荑状，长 9～27 cm，雄花具短柄，苞片顶端钝，小花有雄蕊 12 枚，稀 13 或 14 枚，花药杏黄色；雌花序具雌花 5～10 朵，串状着生于花轴上，雌花被有茸毛，花萼 4 裂，柱头 2 裂呈鲜红色。果实卵圆形或椭圆形，先端尖。坚果表面有 6～8 条棱脊和不规则深皱沟。壳皮及内隔壁坚厚，不易开裂，内种皮暗黄色（图 3-4）。

图 3-4 核桃楸结果状及坚果（引自《中国核桃种质资源》）

2. 资源及分布

核桃楸主要生长于中国东北和华北海拔 300～1 000 m 的地区，多散生于沟谷两岸及山麓针阔混交林或杂木林中。主要分布于中国辽宁、黑龙江、吉林、河北、河南等地，鸭绿江沿岸分布最多，山西、山东、甘肃、新疆等地有少量分布。

3. 开发利用概况

核桃楸坚果富含脂肪、蛋白质、糖和维生素，每 100 g 核桃仁含脂肪 40～

50 g、蛋白质 15～20 g、糖 1～15 g；木材质地坚硬致密、纹理美观、光泽好、耐腐、耐磨、耐冲击，为优质军工、航空、高档家具、装饰品和工艺品的优质木材。近年核桃楸在文玩市场中的位置不断提升，使核桃楸得到了较大的发展空间。

五、麻核桃

1.植物学性状

麻核桃(*J. hopeiensis* Hu)，又名河北核桃、耍核桃、文玩核桃等。原产于中国。落叶乔木，树高 10～20 m；树皮灰白色，老时纵裂。嫩枝密被短柔毛，后脱落近无毛。奇数羽状复叶，长 45～80 cm，叶柄及轴被短柔毛；小叶7～15 片，长椭圆形至卵状椭圆形，基部圆形，顶端急尖或渐尖；正面深绿色，光滑，背面淡绿色，脉上有短柔毛，边缘具不明显疏锯齿或近全缘。雄花序长 20～25 cm，花序轴有稀疏腺毛；雌花序上着生 2～10 朵小花。每花序着生果实 1～3 个或更多。果实卵圆或近球状，外被疏腺毛或近无毛，果顶有尖。坚果多卵圆形，顶端具尖，刻沟、刻点深，有 2～4 条明显的棱脊，缝合线突出。壳皮坚厚不易开裂，内隔壁发达，骨质。种仁很少，取仁难(图 3-5)。

图 3-5　麻核桃结果状及坚果

2.品种资源及分布

麻核桃系普通核桃与核桃楸的天然杂交种，是核桃属中非食用型珍稀种质，主要分布在中国河北、北京、陕西、山西和辽宁等地区。据《中国核桃种质资源》记载，麻核桃中有优良品种 1 个，优良无性系 11 个。近年，通过人工选择培育成多个优良类型和无性系。

3.开发利用概况

由于麻核桃食用价值较低，种群数量较少，一直未引起人们的重视。近年人们发现麻核桃坚果壳皮质地坚硬、外形美观、纹理刻沟富于变化，其文玩价值逐步被认识和开发利用，成为人们揉手健身、工艺雕刻的重要材料。其中狮子头、虎头、鸡心、公子帽、官帽，已成为京津文玩市场热销的5大品牌，不断被各省引种，开发利用价值不断提升。

据郭建朝等在太行山南侧和西北侧河北、山西调查，80％的麻核桃分布在海拔800～1 200 m的中山和高山地带，1 400 m处偶有分布。生长地土壤主要为砂岩、片麻岩，pH中性和微酸性。他们认为，太行山与秦岭和黄龙山相比，气候条件更适合麻核桃生长，坚果壳皮硬度较高。但因采收期较早，壳皮容易表现"花皮"和"白尖"，重量减轻。若采收期太晚，壳面易表现阴皮，降低品质。

六、喙核桃

1. 植物学性状

喙核桃是胡桃科喙核桃属单种植物（*Annamocarya sinensis*（Dode）*Leroy*）。据《中国核桃种质资源》载，喙核桃属于第三纪热带孑遗古老植物，多分布在北热带地区海拔200～1 500 m的山谷阔叶林中。在中国云南、贵州、广西有零星分布。因繁殖较难、分布区狭窄和生境条件不良，成为种群数量逐年减少的濒危树种，被列为中国二级保护植物。落叶乔木，树高可达20 m，小枝有细毛，髓心充实。奇数羽状复叶，长30～40 cm，全缘，长椭圆披针形。雌花序穗状，上着雌花3～5朵。坚果球形或椭圆形，顶端具鸟嘴状尖，壳厚，十后并裂为4～9片，内褶壁骨质。木材质地优良，为工业、军工及制作家具的良好木材(图3-6)。

图3-6 喙核桃结果状和坚果

(引自张毅《中国核桃种质资源》)

2. 资源分布

主要分布区年平均气温 18.1～21.3℃，极端最低气温－2.4～5.2℃，有霜期 150 d 以下，年降水量 1 200～2 000 mm，全年日照 2 000 h 以上，喜微碱性含钙土壤，pH 值为 6.0～8.0。中国云南麻栗坡、富宁等海拔 500～1 500 m 的地区有零散分布。

第二节　从国外引进的核桃种质资源

一、黑核桃

黑核桃(*J. nigra* L.)，原产于北美，1984 年由美国引入中国。落叶乔木，树高可达 30 m 以上，树冠圆形或圆柱形。树皮灰褐色或棕色，深纵裂。小枝灰褐色或暗灰色，具短柔毛。芽阔三角形，顶芽较大。奇数羽状复叶，小叶 15～23 片，长卵圆形或卵状披针形，具不规则锯齿，基部扁圆形，先端渐尖，表面具短毛或光滑，背面有腺毛。雄性葇荑花序长 5～12 cm，雄花内具雄蕊 20～30 枚；雌花序穗状簇生小花 2～5 朵。果实圆球形，浅绿色，表面有小突起，被柔毛。坚果圆形或扁圆形，先端微尖，壳面具不规则的纵向纹状深刻沟，壳皮坚厚，难开裂(图 3-7)。

图 3-7　黑核桃结果状及坚果

(引自《中国核桃种质资源》)

20 世纪 90 年代以来中国曾先后引进 110 多个黑核桃实生种源，30 多个黑核桃无性系。根据用途分为材用和果材兼用 2 种类型，主要分布在北京、山东、山西、河南、江苏、辽宁、吉林等地区。

二、吉宝核桃

吉宝核桃（*J. sieboldiana* Max.），又名鬼核桃、日本核桃，原产于日本，20 世纪 30 年代引入中国。落叶乔木，高 20～25 m。树皮灰褐色或暗灰色，成年浅纵裂。小枝黄褐色，密被细腺毛，皮孔白色，略隆起。顶芽较大，卵状圆锥形，侧芽卵状球形，密被淡褐色短柔毛。奇数羽状复叶，小叶 9～19 片，长椭圆形，先端尖，叶缘具锐细锯齿。幼叶被黄褐色星状毛，或叶表面光滑或散生星状毛。叶背密被星状毛，淡黄色。雄花序无柄下垂，雄花具雄蕊10～14 枚。雌花序穗状，疏生5～20 朵雌花，子房及柱头紫红色，外密被腺毛，柱头 2 裂。果实长圆形，先端突尖，外密被腺毛。坚果具 8 条明显的棱脊，棱脊间有刻点。缝合线突出，壳皮坚厚，内隔骨质，取仁困难（图 3-8）。

图 3-8　吉宝核桃坚果
（引自张毅《核桃推广新品种图谱》）

辽宁、吉林、山东、北京、山西等地有少量分布。

三、心形核桃

心形核桃（*J. cordiformis* Max.），又名姬核桃，原产于日本，20 世纪 30 年代引入中国。植物学特征与吉宝核桃相似。果实为扁心脏形，个体较小。坚果扁心脏形，壳面光滑，先端突尖，非缝合线两侧较宽，缝合线两侧较窄，其宽度约为缝合线两侧宽度的 1/2。缝合线两侧中间各有 1 条纵凹沟。坚果壳厚，无内褶壁，缝合线处易开裂，可取整仁，出仁率为 30％～36％（图 3-9）。

辽宁、吉林、山东、陕西、内蒙古等省区有少量分布。

图 3-9　心形核桃坚果

(引自张毅《核桃推广新品种图谱》)

第三节　种质资源的保护性开发利用

中国核桃的发展经历了漫长的历史演化和多年的自然、人工选择和栽培过程，种质资源极为丰富，具有巨大的开发利用潜力。

一、中国种质资源利用沿革

早在远古时代，核桃的果实（种子）就是人类的重要食物来源。先民们通过采摘野生果实饱腹，利用贮藏的种子（坚果）度过荒季或严冬，不断繁衍生息。随着农业的发展，小麦、玉米、稻谷等粮食作物成为人类的主要食物来源，树木的果实或种子才渐渐成为辅助食物。

2 500 年前中华大地已有核桃栽培，北魏贾思勰在《齐民要术》（533—544 年）中已有核桃的记述。中国人通过多年驯化、选优和种质创新，形成了一批实生农家类型和优良品种，并积累了丰富的栽培经验，核桃生产成为许多地方的重要支柱和救灾度荒的食物来源，被产区群众誉为"铁杆庄稼""木本油料"等，为补充粮食不足起到了重要的作用。

新中国成立后，核桃科技工作者从 20 世纪 50 年代初开始进行核桃资源的调查、引种和育种工作。由于新疆早实类群核桃的发现，在全国范围内开展了 2 次大规模的核桃引种和选种工作，以早实、薄皮、矮化、优质、丰产等优良特性为目标，利用中国丰富的核桃种质资源进行核桃品种改良、新品种培育和推广应用。通过多年的实生选种、引种和杂交育种获得了大量的优良种质和核桃优良品种，在早实核桃育种上取得了创造性的成果。1991 年林业部公布了中国首批自主选育的 16 个早实核桃优良品种，大大丰富了中国核桃种质资源，弥补了中国核桃优良品种的不足，加快了全国核桃生产良种化、商品化和产业化的进程。

二、中国种质资源开发利用概况

20世纪80年代初期，在国家政策的鼓励和驱动下，各地发展果树生产的积极性被激发出来，核桃种植面积和产量稳步上升，在出口创汇和供应市场方面发挥了重要的作用。

（1）品种选育成绩显著

在国家科技计划支撑的核桃种质资源清查和选育种工作基础上，开展了全国范围内的核桃良种选育和引种工作。各科研院所、高校和产区先后选育出了一批各具特色的优良品种，如中林系列、辽核系列、新疆系列、云新系列和漾杂系列等。同时，河北、北京、山西、陕西、山东、河南、四川等省市分别选育出了一批地方优良核桃品种。此外，在核桃砧木选育、麻核桃选育等方面也取得了重要进展，为核桃产业发展奠定了良好的物质基础。

（2）嫁接技术普及，良种化进程加快

20世纪80年代以前中国核桃多以实生繁殖为主，子代变异较大，进入结果期较晚。嫁接是核桃良种繁育、推广和提早结果的重要手段，但由于对核桃嫁接后伤流液较多、枝条单宁含量较高、接口缺氧而抑制愈伤组织形成，导致嫁接成活率低而不稳。经过多年的研究探索和嫁接实践，嫁接成活率达到95％以上，多种嫁接方法在品种育苗和大树改接换优中得到广泛应用，明显加快了优良品种的产业化进程。

（3）优良品种使用面积和贡献力不断增加

20世纪90年代以来，核桃的种植规模和产量逐年增长，优良品种普及率和管理技术水平均有显著提高。2000年中国核桃产量突破30万t，2005年达到50万t。2009年全国核桃种植总面积超过200万hm²，坚果总产量达到98万t。2011年，核桃总面积达到240万hm²，坚果总产量达到120万t，面积和产量均居世界首位。获得上述成绩，与普及优良品种密切相关。

但同时必须看到，许多地方仍存在虽品种优良但低产低效的核桃园。主要原因是管理技术落后，未能发挥优良品种的优良特性，从而造成单位面积产量不高、坚果品质较差、售价低的后果，应引起各地关注。

三、国外种质资源开发利用概况

核桃良种是产业发展的重要物质基础，各主产国都十分重视核桃良种选育和应用。土耳其通过实生选种选育出赛宾等 8 个核桃优良品种并在全国推广。美国通过引进核桃优良种质和杂交手段选育出一批优良核桃品种，从中选择哈特利（Hartley）、强特勒（Chandler）、希尔（Serr）、维纳（Vina）等 5 个性状符合市场要求的良种进行推广，在 9 万 hm² 核桃园里创造出年产坚果 31 万 t 的世界纪录。核桃产业发达国家遵循"广泛收集、妥善保存、准确鉴定、积极创新、高效利用"的原则，广泛收集世界各国的核桃种质资源，建立长期稳定的核桃种质资源圃和基因库，综合利用传统与现代生物技术对资源进行鉴定、评价，构建核心种质，建立资源信息共享数据库，挖掘有价值的功能基因。

20 世纪 90 年代以后，世界各国果树品种改良和新品种选育研究均发生了显著变化，远缘杂交、生物技术得到普遍应用。以追求高产为主要目标的果树育种理念逐渐被优质、高产、多抗、专用及相互间的结合等多目标育种所取代。他们以种质创新为首选，为未来品种的选育提供新的育种材料，对重要农艺性状的遗传规律进行深入研究。通过相关遗传研究成果、生物技术和传统育种技术的有机结合加快育种进程，已成为现代果树育种的方向。

国内外核桃种质研究和工程技术的发展趋势，主要包括如下几个方面：

①重视种质资源的收集、保护、评价和创新利用，资源利用呈现国际化、多元化、高技术化。

②品种改良、新品种选育呈现高效化、专利化态势，以选育优质、多抗、专用品种为选育目标。

③核桃工程技术呈现集成化、机械化、自动化、智能化、信息化等现代化特点。

④产业发展呈现高度集约化、区域化、专业化、标准化、安全化等特点。

⑤重视产后商品化处理工程技术，延伸产业链，提高附加值。

⑥工程技术研发呈现多学科交叉协作、联合攻关的特点。

⑦技术合作交流与推广服务体系网络化。

各核桃主产国非常重视对本国技术进步的知识产权保护，建立了完善的标准体系、品种权保护和专利权保护等技术壁垒，从而形成市场垄断。近年我国通过技术创新和成果转化，在核桃相关技术领域已获得了一系列具有自主知识产权的技术成果、发明专利及创新标准，但获得知识产权保护的成果数量较少，从业人员的知识产权意识不强，保护力度不够。

随着我国人民对核桃营养保健价值和医疗功效认识的加深，核桃产品的系列开发力度也在加大，以满足不同消费者对核桃产品多样化的需求。多用途、安全、适于加工的新品种选育势在必行。要综合应用多种遗传标记，将分子标记辅助育种技术、转基因技术等与传统育种方法相结合，同时开展合理的区域规划和多育种目标引导，培育多用途品种和专用新品种(仁用型、鲜食型、材果兼用型、观赏型、油用型等)，以满足核桃生产加工产业的需要，丰富核桃产品市场供给，从而推动核桃产业化发展，提高核桃产区人民的生活水平，促进农村经济发展，造福人类社会。

参 考 文 献

[1] 俞德浚．中国果树分类学［M］．北京：农业出版社，1979.

[2] 裴东，鲁新政．中国核桃种质资源［M］．北京：中国林业出版社，2011.

[3] 郗荣庭，张毅萍．中国果树志·核桃卷［M］．北京：中国林业出版社，1996.

[4] 河北农业大学．果树栽培学［M］．北京：中国农业出版社，1987.

[5] 杨源．云南核桃［M］．昆明：云南科技出版社，2011.

[6] 王红霞，张志华，玄立春，等．我国核桃种质资源及育种研究进展［J］．河北林果研究，2007，22(4)：387-392.

[7] 郗荣庭，张志华．中国麻核桃［M］．北京：中国农业出版社，2013.

[8] 张毅，王少敏．核桃推广新品种图谱［M］．济南：山东科学技术出版社，2002.

第四章　核桃和深纹核桃地理分布和经济栽培区

作为经济作物栽培的核桃和深纹核桃，具有不同的生态环境适应性和生物学特性，生长分布在不同地理区域，多年来形成了各自的生态适宜区、经济栽培区和优势栽培区。通过多年栽培发展，各地选出了适应当地气候条件的区域化品种。实行适地适树、扬长避短、区域发展，是核桃产业发展的必由之路。

第一节　核桃地理分布和经济栽培区

一、地理分布和适宜生态条件

从中国的核桃水平分布看，除黑龙江、吉林、福建、台湾、上海、广东、海南等省市外，从北纬21°29′的云南勐腊到北纬44°54′的新疆博乐，纵跨纬度23°25′，西起东经75°15′的新疆塔什库尔干，东至东经124°21′的辽宁丹东，横跨经度49°06′均有核桃栽培和分布。从垂直分布看，从新疆吐鲁番处于海平面以下约30 m的布拉克村到西藏拉孜海拔4 200 m的地方，均有核桃自然生长，生长分布的地势和海拔高度差别显著。

核桃喜温、喜光、耐寒、耐旱，生态条件适应性较强。适宜生长的地区，年均气温8～15℃，极端最低温度应高于－25℃，极端最高温度要求低于35～37℃，无霜期150～240 d。春季日平均气温为9℃时开始萌芽，14～16℃开花；秋季日平均气温低于10℃时开始落叶进入休眠期。幼树在－20℃条件下出现抽条或冻死。成年树虽然能耐－30℃低温，但低于－28～－26℃时枝条、

35

雄花芽及叶芽易受冻害。核桃展叶后，气温降到-2℃时，会出现新梢冻害。花期和幼果期气温降到-2～-1℃时受冻减产。生长期(5～6月)气温超过38～40℃时，果实易发生日灼，造成核桃仁发育不良，形成黑仁或空壳。核桃光合作用的最适温度为27～29℃，1年中的5～6月光合强度最高。

核桃喜光性强，光照充足有利于生长发育，提高坚果产量和品质，如核桃园边行树和树冠外围枝比园内树和膛内枝生长结果良好。全年日照量不应少于1 800～2 300 h，低于1 000 h则影响壳皮及核桃仁发育，造成坚果产量下降，品质降低。生长期遇阴雨、低温，易造成落花落果。因此，在确定建园地点时，应注意地势和光照条件的选择，科学确定株行距并进行合理整形修剪，以满足树体生长结果对光照的要求。

核桃根系深广，土层厚度在1 m以上时根系发育良好，土层低于50 cm的根系发育不良，容易"焦梢"或形成"小老树"，不能正常生长和结果，根系较浅的早实类核桃会出现早衰或整株死亡。核桃适于在土质疏松和排水良好的沙壤土或壤土上生长，在地下水位过高和质地黏重的土壤中生长不良。含钙丰富的土壤上不但生长良好，而且核仁香味浓、品质好。土壤pH值适宜范围为6.2～8.2，最适值为6.4～7.2。土壤含盐量以不超过0.25%为宜，稍超过此限即影响生长结果，过高会导致植株死亡，盐分中的氯酸盐比硫酸盐为害大。因此，应按栽种地区的土壤质地特点，选择适宜的品种。土层薄和土质差的地区，以在深翻熟化、改良土壤和提高土壤肥力的基础上，种植晚实核桃品种为宜，并注意覆膜覆草，加强管理。

降水量及其分布状况影响核桃树的生长结果。年降水量为500～700 mm的地区可基本满足核桃全年生长结果的需要。山地如有较好的水土保持工程，1年可减少灌水或不灌溉。新疆早实核桃的原产地年降水量少于100 mm，引种到湿润和半湿润气候地区则易罹患病害。如遇连续降水、日照减少、气温降低，则会明显影响生长结果。如早实核桃生长后期多雨，除因日照时数减少影响品质外，还易引发炭疽病和黑斑病等病害。核桃忍耐空气干燥的能力较强，但对土壤的水分状况较敏感，土壤过干或过湿均不利于生长发育。长期晴朗而干燥的天气、充足的日照和较大的昼夜温差，有利于开花结实。土壤干旱会降低根系的吸收能力，严重干旱时可造成落果，甚至是提早落叶。幼树后期遇多雨气候时易导致徒长，造成越冬抽条枯梢。土壤水分过多、通气不良，会影响根系的生长和吸收，严重时可造成根系窒息腐烂。因此，山地建立核桃园需整修水土保持工程，以蓄水保墒涵养水源；平地则应注意及时排水，地下水位宜维持在2 m以下。

核桃适于在 15°～20°以下的缓坡、土层深厚而湿润、背风向阳的条件下生长。种植在阴坡和坡度过大的迎风坡面上，往往生长不良，产量降低。坡度大时，应整修梯田保持水土，避免造成土壤冲刷。山坡的中下部土层较厚而湿润，比山坡中上部生长结果好。

微风和低速风有利于授粉和坐果。由于核桃 1 年生枝的髓部较大，在冬、春季多风地区，生长在迎风坡面的树易抽条、干梢，影响树体生长发育，建园前应营造防风林。

二、经济栽培区

中国核桃按行政区划有 3 大经济栽培区域：一是西北区，包括新疆、青海、西藏、甘肃、宁夏、陕西；二是华北区及华东区，包括山西、北京、河南、河北和山东、安徽；三是西南区，包括云南、贵州、四川、重庆和西藏。

按地理气候、生物学特性、社会经济、栽培规模结合行政区划，可分为 6 个分布区：

①东部沿海分布区，包括河北、北京、天津、辽宁、山东及安徽北部。

②西北黄土区分布区，包括山西、陕西、甘肃、青海、宁夏。

③新疆分布区，包括新疆南部和北部。

④华中、华南分布区，包括湖北、湖南、广西中部和西部。

⑤西南分布区，包括云南、贵州、四川、重庆。

⑥西藏分布区，分为藏南亚区和藏东亚区。2 个亚区内均有核桃和深纹核桃分布。核桃多分布在藏南谷地和藏东高山峡谷区的农耕地，全区有结果树50 余万株。深纹核桃均为野生，自然分布于自治区南部和近国界处。

三、优势栽培区

优势栽培区是指立地条件、品种特性、管理技术和产量、品质均具有相对优势的区域。它是在多年发展中形成的，其在核桃经济栽培区中的栽培面积、产量、效益方面占有较大的份额和优势。这些区域既有丰富的管理技术，又有广阔的发展空间。如云南、新疆、四川、山西、河北、陕西、湖北、辽宁、山东和河南的传统栽培区和主产区，不但具有悠久的栽培历史和丰富的管理经验，而且其总产量占全国核桃产量的 91.7%。这些栽培区域在自然条件、品种选用、经营管理技术和生态、经济、社会效益等方面，具有综合产业优势。

第二节　深纹核桃地理分布和经济栽培区

一、地理分布和适宜生态条件

深纹核桃主要分布在云南、贵州、四川、重庆、西藏等省份，这些省份的西部山区，均有大面积的野生深纹核桃纯林分布，垂直分布海拔为400～2 600 m。广西、湖南、湖北、甘肃等省有少量分布。云南和贵州是深纹核桃的种植大省。云南129个县(市、区)中有124个有深纹核桃栽培分布。贵州81个县(市)中有70余个有深纹核桃栽培分布，其中毕节、大方、威宁、赫章、织金、盘县、水城特区、安顺、息烽、遵义、桐梓、兴仁、普安、贵阳市等地是深纹核桃主产区；威宁县1998年产坚果445.6万kg，属于全国重点县。四川主要分布在巴塘、西昌、九龙、盐源、德昌、会理、米易、盐边、高县、筠连、叙永、古蔺、平武、金川、安县、江油等地。

适宜深纹核桃生长的生态环境条件有4个特点：

(1)海拔条件

从垂直分布看，纬度越低垂直分布范围越小，纬度越高垂直分布范围越大。西双版纳是云南省纬度较低的地方，深纹核桃分布一般在海拔800～1 800 m之间。滇西北纬度较高，核桃多分布在海拔1 000~2 600 m之间。西藏地处高原地区，垂直分布海拔多为1 500～3 870 m，适宜生长范围为3 500 m以下地区。

(2)地形条件

深纹核桃是喜光树种，适宜生长在缓坡背风向阳的地方。阳坡、半阳坡植株好于阴坡；生长在缓坡植株好于陡坡植株。箐边和沟洼地的植株好于山梁上的植株。山坡中、下部的好于上部植株。

(3)土壤条件

深纹核桃对土壤条件要求不严格，肥沃或瘠薄的土壤上都能生长。在肥沃土壤中根系发达，树势健壮，结果多，产量高。在瘠薄土壤中长势较差，结果少，果实小，产量低。除了过于离散的沙土、过于黏重的黏土和石块过多的土壤外，多种土壤均可正常生长和结果，土壤适宜pH值在5.5～7.5之间。

(4)气候条件

①温度：深纹核桃可在年平均温度为6.1～20.6℃的地区生长，但以

12.4～15℃较为适宜。冬季气温降到－10℃左右时，幼树枝条会受冻害。

②光照：要求全年日照在 2 000 h 以上才能保证正常的生长发育，如果低于 1 000 h 则壳皮、核仁均发育不良。

③降水量：要求年降水量为 800～1 000 mm，季节分布均匀，能满足年生长发育的需要。春季干旱和新植幼树缺水时需及时灌溉补充水分。

二、经济栽培区

经济栽培区相当于农业种植上的"适宜区"及"次适宜区"，应具备以下条件：一是较适宜的海拔高度和纬度条件。二是土层较深厚，土壤较湿润，有机质含量较高，理化性质较好，保水和排水较好的沙质壤土。三是年均气温高于 11℃，低于 24℃；年降雨量 800 mm 左右，全年日照时数 1 000 h 以上。四是最大坡度低于 50°。具备上述条件的地区有云南的滇东北、滇西北、滇南部分地区，贵州的西北部、西南部，四川的中部、西部，重庆大部分地区以及湖南、湖北少数地区。

云南杨源根据适地适树和选种相应适宜品种的原则，将泡核桃经济栽培种植区与纬度、海拔与气温之间的关系制成表 4-1。

表 4-1　深纹核桃种植适宜区、次适宜区和对应海拔、年均气温

纬度/（°）	对应海拔/m	适宜区划分	年均气温/℃
北纬 21～24	1 000～2 700	适宜区	20～9.3
	低于 1 000	次适宜区	大于 20
北纬 25 左右	1 000～2 400	适宜区	20～11.2
	1 800～2 200	最适宜区	20～15
	2 400～2 600	次适宜区	11.2～9.9
	低于 1 000		＞20
北纬 26～30	1 000～1 600	适宜区	20～16.2
	低于 1 000	次适宜区	大于 23
	1 600～1 800	次适宜区	16.2～15

云南大姚县是中国著名的核桃之乡。该县在多年发展核桃产业的基础上，经过调查研究，总结提出大姚县核桃种植区划。该区划以海拔高度和 6 项气候因素为主项，将大姚县划分为最适宜区、适宜区、次适宜区和不适宜区，为该县核桃业发展提供了科学依据(表 4-2)。

表 4-2　大姚核桃种植区划

项　目	最适宜区	适宜区	次适宜区	不适宜区
海拔/m	1 800～2 200	1 700～1 800，2 200～2 400	1 500～1 700，2 400～2 600	<1 500，>2 600
年平均气温/℃	13.5～16.0	16.0～17.0，12.0～13.5	17.0～18.0，11.0～12.0	≥18.0，<11.0
≥10℃年平均积温/℃	3 900～5 300	5 300～5 500，3 500～3 900	5 500～6 000，3 000～3 500	>6 000，<3 000
最热月均温/℃	18.0～21.0	21.0～22.0，17.0～18.0	22.0～26.0，15.0～17.0	≥26，<15
极端最低温/℃	-3 以上	-5.5～-4.5，-9.7～-8.0	-4.5～-2.4，-11.0～-9.7	>-2.4，<-11.0
终霜期（节令）	春分	惊蛰，春分	雨水，清明	—
年降水量/mm	850～1 000	800～950，1 000～1 100	700～850，1 100～1 200	<700，<1 200

注：引自《大姚核桃》。

三、优势栽培区

深纹核桃的优势栽培区（相当于农业种植上的"最适宜区"）须具备以下条件：一是适宜的海拔条件，在纬度 25°附近地区的海拔应为 1 800～2 300 m。二是土层深厚，土壤湿润，有机质含量较高，应是土质肥沃、理化性质好、保水、排水均良好的沙质壤土。三是年均气温 15～20℃，年降雨量 1 000 mm左右，全年日照时数 2 000 h 以上。四是缓坡向阳，适宜核桃生长。云南的漾濞、永平等地，西藏的加查、林芝、波密等地，贵州的赫章、兴任、盘县等地，四川的三台、巴中等地均属优势栽培区。

第三节　因地区和品种制宜，实行区域发展

一、扬长避短，适地适树

北方的核桃适应原产地的生态环境条件，应选择与原产地有近似环境条

件的地区发展；南方的深纹核桃较适应西南地区原产地的生态环境条件，应选择在相对近似的条件下种植发展。中国土地辽阔，地理和气候条件复杂，北方不仅有大量适于核桃种植的地区，也有适于深纹核桃种植的地区，如甘肃的陇南市和陕西的汉中市。南方不仅有大片适于深纹核桃种植的地区，也有较适于北方核桃种植的地区，如云南东北部及西北部高海拔、降雨较少的地区。应该充分利用当地的自然条件和品种特性，实行适地适树、区域发展。

在云南，较适于核桃种植的地区往往不适于深纹核桃种植。在这些地方，种植清香、扎343、新新2号等，因适于那里的环境条件，所以生长结果正常。如兰坪县河西乡箐花村海拔2 600 m左右，多次种植泡核桃嫁接苗均告失败。2007年引入清香核桃后，不仅长势良好，而且结果较多(图4-1)。河北、山东曾试图引种云南泡核桃，均因不能越冬而告失败。

图4-1　引入滇西北的清香核桃(左)和铁核桃高接清香核桃结果状(右)

二、优质高效，科学管理

只有根据不同地区的条件选择适宜的优良品种，并采取良好的管理措施进行科学管理，才能实现优质高效、稳步发展。云南永平县北斗乡北斗村的核桃种植户茶永强，2003—2005年在最佳种植区域高接泡核桃，改造深纹核桃低产林近67 hm²，2007年开始有收益，2010年收入超过100万元，成为"全国千亩核桃科普示范基地"(图4-2)。

图 4-2 优质高效泡核桃示范基地

三、品种适宜，区域发展

规模发展种植核桃必须按照科学规律办事，避免不看当地具体条件、不看品种特性和不顾群众要求盲目发展。

云南剑川县在发展核桃和泡核桃种植上有深刻的经验教训。从 20 世纪 50 年代不看条件大量种植泡核桃，在海拔较低的地方获得成功，但在海拔高于 2 400 m 的地方全部失败。60 年代从新疆引入一批优良核桃品种在全县推广，种在海拔 2 400 m 以上地区的生长及结果正常，无严重病害。进入 21 世纪后，各地注重选择种植区域和适宜优良品种，现已建成了 6 700 多 hm² 的新疆优良品种核桃丰产园，生长结果良好(图 4-3)。

图 4-3 云南剑川县新疆核桃幼树园及结果状(海拔 2 400 m 以上)

北方核桃产区的多年实践证明，早实类品种根系分布浅、树体较小、结果早、生长量小，应在土层深厚、肥水条件好、管理水平较高的地区种植和发展。在立地条件较差、肥水供应不足、管理无保证、投入不足的地区，应以种植根系深、生长势强、要求肥水条件不高的晚实类品种为主。

参 考 文 献

[1] 裴东，鲁新政．中国核桃种质资源［M］．北京：中国林业出版社，2011.

[2] 郗荣庭，张毅萍．中国果树志·核桃卷［M］．北京：中国林业出版社，1996.

[3] 杨源．云南核桃［M］．昆明：云南科技出版社，2011.

[4] 王红霞，张志华，玄立春，等．我国核桃种质资源及育种研究进展［J］．河北林果研究，2007，22(4)：387-392.

[5] 郗荣庭，张毅萍．中国核桃［M］．北京：中国林业出版社，1992.

第五章　主要类群和优良品种

由于中国核桃长期采用实生繁殖和自然授粉，后代变异多样，形成了丰富多彩的种质。据不完全统计，中国各地有名称的核桃类型有 500 多个，其中不乏具有优良生物学特性、经济性状、生态特性和特异性状的优株和优系。但因过去大多数地区不具备无性繁殖技术，很难保障这些优良性状的稳定遗传，只能把它们作为农家品种或地方品种保留下来。随着核桃嫁接技术的成熟和核桃选育工作的不断加强，各地杂交和选育出许多各具特色的优良品种，为实现核桃良种化和嫁接化提供了有利的技术条件和物质基础，这项技术的突破和推广经过了数十年的历程，逐渐改变了多年实生繁殖的落后状况。实行品种鉴定、品种审定和认定以后，大家对栽培品种的认识得到提高，核桃种植逐步走上了品种规范化和栽植区域化的新阶段，优质丰产栽培技术也得到了同步提高。

第一节　品种的含义、重要性和选用原则

一、品种的含义

世界各核桃主产国都非常注重核桃的良种选育、无性繁殖和选用优良品种，并确定了本国的主要栽培品种。中国近 20～30 年选育出一批经过省级以上机构鉴定、审定或认定的优良品种、优良株系和优良单株，已在全国推广供各地选用。但是，也有少数未经科学鉴定或审定、认定的所谓"品种"，堂而皇之地作为优种苗木被销售和推广，给生产者造成了一定的损失，这与人们对品种的认识和理解有一定的关系。

栽培品种是按人类需求选育出的、具有一定适应范围、栽培条件和经济

价值的作物群体，并通过无性繁殖保持其优良品种特性，以满足人类需要的农业生产资料。优良栽培品种必须具有以下基本特点：

①同一品种个体间的遗传性状(植物学特征、生物学特性、果实性状)相对稳定，有较高的一致性。

②具有良好的经济价值和开发前途。

③适应一定的生态(土壤、气候、逆境)环境和栽培条件。

④需要经过品种比较试验、区域试验及科学鉴定和品种审定(认定)。

二、选用品种的重要意义

中国核桃品种很多，大致可分为实生农家品种(地方品种)、自主选育品种和国外引进品种。实生农家品种是从自然授粉的种子繁殖的后代中，经过多年人工和自然选择形成的各个地方的优良品种，如河北石门核桃、山西汾阳核桃、云南漾濞核桃等。自主选育品种是我国科技工作者按照严格的育种或选种程序，经过杂交或从实生群体中选育出的优良品系，经多年观察、高接、区试、比较、鉴定选育出的品种，如杂交优良品种中的辽宁核桃系列、中林品种系列、山东品种系列和云新系列等。国外引进品种是从其他国家引入我国的核桃优良品种，如从美国引进的强得勒、维纳等，从日本引进的清香，从罗马尼亚引进的塞尔比尔、乔杰优等。

很多品种由于来源、产地、生物学特性和生长结果习性不同，表现出对气候条件、海拔高度、土壤条件以及生长结果特性等方面的要求都有很多差别，因而必须对适栽区域条件和栽培管理技术等方面认真对待，选择适宜的品种。忽视这些基本条件和要求，片面追求结果早、壳皮薄，不注意品种特性要求和适生条件，草率选定品种，可能造成事倍功半甚至全军覆没的结果。例如，将云南泡核桃品种苗木和铁核桃砧木引种到河北，因不能越冬而全部冻死；将要求土层较厚、肥水条件良好、管理技术较高的早实优良品种，种植在土层浅薄、缺肥少水、管理水平差的岗坡次地上，数年后未老先衰，病害严重，产量锐减，坚果品质下降；有些地方不顾当地自然条件、品种特性和技术力量，盲目追求密植(株行距为 2m×3m，2m×4m 或 3m×4m)，造成3～5年后行间郁闭，光照恶劣，枯枝增多，病害严重，产量和质量显著下降。这些不顾品种特性和管理条件造成的后果和教训，应该吸取和防范。

三、选用品种的原则

选用核桃品种是发展核桃种植业成功的关键之一。只有最大限度地满足品种特性要求，采取有针对性的管理技术，才能达到优质、丰产、高效的目的。选用品种应遵循以下原则：

①必须是经过省级以上品种审定机构通过并公布审(认)定的优良品种。

②切实了解品种的生长结果特性、坚果的主要特点及对管理技术的要求，实施良种良法。

③了解品种对土壤、气候、地势及管理技术等方面的要求，做到适地适树。

④有充分的人力、技术、资金的投入和保障。

⑤根据用途(坚果、果仁、油用、材果兼用等)和市场需求，正确选定适用品种。

第二节　核桃的主要类群和优良品种

一、主要类群

我国根据种子播种后开始结果年龄的早晚将核桃分为"早实核桃类群"和"晚实核桃类群"，另有近年选育的"材果兼用类群"。早实类群是指核桃播种后1～2年即能开花结果，晚实类群需5～8年或更长时间才能结果。但是，2类核桃的嫁接苗开始成花结果的年龄差别不大，故在品种选用上区分2类核桃已无实际意义，而应重点综合考虑品种的生长结果特性和对生态条件、技术条件的需求。为便于理解和适应多年的使用习惯，现仍按上述3大类群(品种群)分类，分别将其主要特性和关注点作一简介。

1. 早实类群

早实类群的共同特点是嫁接苗栽植后1～2年开始成花结果。主要表现为：树体生长缓慢，树体较矮，混合芽形成得早，侧生结果枝比例高。前期产量增长快，进入盛果期较早。但结果枝结果后易早衰，结果部位外移明显，根系分布较浅而广，发育枝生长慢，树冠体积较小。坚果壳薄(>1.0 mm)，内褶壁和横隔纸质或退化，取仁容易，出仁率较高。缝合线易开裂，不耐漂洗和贮运。要求土层深厚，肥沃度较高，肥水供给及时。应注意调控结果与生长的矛盾，防止树势衰弱，防治夏秋病害，确保枝叶和果实完好率，以延长盛果年龄和单位面积的经济效益。

2. 晚实类群

晚实类群的共同特点是嫁接苗栽后2～3年开始成花结果。根系入土深广，树体生长旺盛，混合芽形成较晚，侧生结果母枝比例较低。树冠体积较大，栽后 3～4 年结果数量较少，5～6 年后产量逐渐增加。幼树期易出现长势过旺和结果较少，盛果期和经济寿命较长。要求土层深厚、肥沃度中等，幼树期需要肥水较少，盛果期要适度增施肥水。坚果壳皮较厚（1～1.2 mm），缝合线紧密，耐漂洗和贮藏运输。多数品种坚果内褶壁和横隔纸质，取仁容易。应实施幼树生长期轻剪、控旺、增枝和控制肥水措施，调控生长与结果的矛盾。注意增加行间和膛内光照，以提高前期结果量。

3. 材果兼用类群

多从实生核桃后代中选育而成，主要特点是树体生长快，材质优良，结果较晚。生产目的是以用材为主，结果为辅，材果兼收。主要特点是：树姿直立，干性明显，材质良好；生长迅速，树干通直，分枝较少；适应广泛，抗病力和抗逆性较强；开始结实期不一致，坚果品质不一。该类群兼具材用和果用特点，综合经济效益较高，是城市绿化、农田防护、荒坡利用、公路行道种植的良好树种。

二、主要优良品种

鉴于优良品种很多和篇幅限制，仅选择部分主要的优良品种，按类介绍于后。

1. 早实类群优良品种

（1）杂交育成品种

①辽宁 1 号。辽宁省经济林研究所育成。亲本为河北昌黎大薄皮×新疆纸皮早实，1980 年鉴定命名。坚果圆形，平均重 9.4 g，壳厚 0.9 mm，可取整仁，出仁率 59.6%。树姿半开张，分枝力强，有抽生二次枝和二次雄花序习性。8 年生树高 4.8 m 左右，侧生结果枝率＞90%。雄先型。较耐寒、耐干旱，抗病力强。适宜栽植密度 3m×4m，适于我国北方土层深厚产区种植（图5-1）。

图 5-1 辽宁 1 号坚果

②辽宁 3 号。辽宁省经济林研究所育成。亲本为河北昌黎大薄皮×新疆纸皮早实，1989 年鉴定命名。坚果椭圆形，平均重 9.8 g，壳厚 1.1 mm，可取整仁，出仁率 58.2%。树姿开张，分枝力强，可抽生二次枝。树势中等，5 年生树高 3.5m。1 年生嫁接苗可成花结果，枝条节间短，属短枝型。雄先型。侧生结果枝率 100%。抗病力强。栽植密度和适宜发展地区同辽宁 1 号。

③辽宁4号。辽宁省经济林研究所育成。亲本为辽宁朝阳大麻核桃×新疆纸皮早实,1990年鉴定命名。坚果圆形,平均重11.7g,壳厚0.9mm,可取整仁,出仁率59.7%。树姿半开张,分枝力强,侧生结果枝率90%~100%。5年生树高3.7m,树势中等。雄先型,连续丰产,适应性和抗旱性强,抗寒。栽植密度和适宜发展地区同辽宁1号。

④香玲。山东省果树研究所育成。亲本为上宋6号×阿克苏9号,1989年鉴定命名。坚果圆形,平均重12.2g,壳厚0.9mm,可取整仁,出仁率65.4%。树姿半开张,树势较强,分枝力较强,侧生结果枝率81.7%,雌花为双生。雄先型。适栽株行距4m×4m。抗黑斑病能力较强,适于肥水条件良好的地区栽培(图5-2)。

图5-2　香玲坚果

⑤鲁光。山东省果树研究所育成。亲本为新疆卡卡孜×上宋6号,1989年鉴定命名。坚果长圆形,平均重16.7g,壳厚0.9mm,可取整仁,出仁率59.1%。树势中等,树姿开张,分枝力较强。侧生结果枝率80.8%,雌花为双生。雄先型。适栽株行距4m×5m。不耐干旱,抗黑斑病、枝干溃疡病力较强。适于土层深厚的地区栽培。

⑥鲁香。山东省果树研究所育成。亲本为上宋5号×新疆早熟丰产,1996年鉴定命名。坚果倒卵型,平均重12.7g,壳厚1.1mm,可取整仁或半仁。树势中等,树姿开张,分枝力强。侧生结果枝率86.0%。雄先型。适宜株行距4m×5m。较抗旱、耐寒、抗病,适于土层深厚、有灌水条件的地区栽培。

⑦寒丰。辽宁省经济林研究所育成。亲本为新疆纸皮早实×日本心形核桃,1992年鉴定命名。坚果长圆形,平均重14.4g,壳厚1.2mm,可取整仁或半仁,出仁率52.8%。树姿直立或半开张,分枝力强,侧生结果枝率92.3%。7年生树高4.1m。雄先型。孤雌生殖能力较强,雌花盛花期可延迟到5月下旬,避晚霜和春寒能力较强。

⑧中林3号。中国林业科学院育成。亲本为涧9-9-15×汾阳穗状,1989年鉴定命名。坚果椭圆形,平均重11.0g,壳厚1.2mm,可取整仁,出仁率60%。树势半开张,树势较旺,分枝力较强,侧生结果枝率80%以上。雄先型。耐干旱和土壤瘠薄,也可作果材兼用栽培(图5-3)。

图5-3　中林3号坚果

⑨中林 5 号。中国林业科学院育成。亲本为涧 9-11-12×涧 9-11-15，1989 年鉴定命名。坚果圆形，平均重 13.3 g，壳厚 1.0 mm，可取整仁，出仁率 58.0％。树姿较开张，分枝力强，侧生结果枝率 80％。雌先型。水肥供应不足时坚果容易变小，要求适度修剪以维持树势。

⑩岱香。山东省果树研究所育成。亲本为辽核 1 号×香玲，2003 年鉴定命名。坚果圆形，平均重 13.9 g，壳厚 1.0 mm，可取整仁，出仁率 58.7％，仁无涩味。树姿开张，侧花芽比率＞95％，多生双果和 3 果。雄先型。果枝短粗，节间短，易丰产，适于平原肥水条件良好的地区栽培。

⑪元林。山东省林业科学院育成。亲本为元丰×美国品种强特勒，2007 年鉴定命名。坚果长椭圆形，平均重 16.84 g，大果型，壳厚 1.26 mm，可取整仁，出仁率 55.42％。树姿直立或开张，侧生混合芽率 85％。结果早，易丰产，较香玲核桃晚发芽 5～7 d，有利于避开晚霜为害。

⑫绿香。山东省林业科学研究院和山东省泰安市绿园经济林研究院 2009 年从早实核桃实生苗中选出的鲜食型品种，2009 年通过山东省林业局组织的成果鉴定。青果重 54.53 g，青皮厚 0.58 cm，坚果壳厚 1.2 mm，单仁重 8.6 g，坚果干重 12.9 g，出仁率 63.10％，取仁容易。

（2）实生选育品种

①晋香。山西省林业科学院从山西祁县核桃良种场实生后代中选出，1991 年鉴定命名。坚果圆形，平均重 11.5 g，壳厚 0.82 mm，可取整仁，出仁率 63.0％。树势开张，树冠较小，分枝力较强，侧生结果枝率 68.0％。雄先型。较耐寒，耐旱，抗病。适于土层深厚和肥水条件良好的地区栽培。

②晋丰。山西省林业科学院从山西祁县核桃良种场核桃实生后代中选出，1990 定名并发布。坚果卵圆形，重 11.34 g，壳厚 1.03 mm，可取整仁，出仁率 65.0％。树姿开张，树冠较矮，侧生结果枝率 83.0％。雄先型。雌花开花较晚，有利于避开晚霜和春寒。适于管理水平和肥水条件较好的地区栽培。

③新新 2 号。新疆林业科学研究院从新疆新和县依西里克乡卡其村实生后代中选出，1990 年鉴定命名。坚果长圆形，平均重 11.63 g，壳厚 1.2 mm，可取整仁，出仁率 53.2％。树姿直立，树势中等。雄先型。抗旱性和抗病力较强（图 5-4）。

图 5-4　新新 2 号坚果

④温 185。新疆林业科学研究院从新疆温宿县木本粮油林场卡卡孜实生后代中选出，1989 年鉴定命名。坚果圆形，平均重 15.8 g，壳厚 0.8 mm，可取整仁，出仁率 65.8％。雌先型。树姿开张，树势较强，侧生结果枝率 100％。

抗逆性、抗病性和抗寒性较强。

⑤薄壳香。北京市农林科学院林业果树研究所从新疆核桃实生后代中选出，1984 年鉴定命名。坚果长圆形，平均重 12 g，壳厚 1.0 mm，易取整仁，出仁率 60％左右，仁无涩味。树姿开张，分枝力中等，侧生结果枝率 70％。雌雄同期开花。较耐干旱和瘠薄土壤，抗病力较强。嫁接成活率和早期产量较其他早实品种低(图 5-5)。

图 5-5　薄壳香坚果　　　　　　　　图 5-6　绿波坚果

⑥绿波。河南省林业科学院从新疆核桃实生后代中选出，1989 年鉴定命名。坚果卵圆形，平均重 11 g，壳厚 1.0 mm，可取整仁，出仁率 59％。树姿开张，树势较强，分枝力强，侧生结果枝率 68％。雄先型。较抗旱，耐寒，抗病(图 5-6)。

⑦西林 1 号。西北林学院从新疆核桃实生后代中选出，1984 年鉴定命名。坚果长圆形，平均重 10 g，壳厚 1.16 mm，可取整仁，出仁率 56％。树姿开张，树势较强，分枝力强，侧生结果枝率 68％。雄先型。较抗旱，耐寒，抗病。

图 5-7　西林 2 号坚果

⑧西林 2 号。西北林学院从新疆核桃实生后代中选出，1989 年鉴定命名。坚果圆形，平均重 16.96 g，壳厚 1.21 mm，可取整仁，仁味甜香。树姿开张，分枝力强，侧生结果枝率 63％。雌先型。适应广泛(图 5-7)。

⑨陕核 1 号。陕西省果树研究所从陕西扶风县隔年核桃中选出，1989 年鉴定命名。坚果圆形，平均重 14 g，壳厚 1.0 mm，可取整仁，出仁率 60％。树姿开张，分枝力强，侧生结果枝率 47％。雄先型。较抗病，耐寒，耐旱。

⑩新巨丰。新疆林业科学院从新疆温宿县实生核桃后代中选出，1989 年鉴定命名。坚果椭圆形，平均重 29.2 g，壳厚 1.38 mm，可取整仁，出仁率 48.5％，仁味甜香，仁基部不甚饱满。树姿开张，分枝力强，侧生结果枝率 81.1％。雌先型。较耐干旱，耐盐碱。适于水肥条件良好的地区栽培。

⑪岱丰。山东省果树研究所从早实核桃实生后代中选出，2000 年鉴定并

命名。坚果长椭圆形，平均重 14.5 g，壳厚 1.1 mm，可取整仁，出仁率 58.6%，仁无涩味。树姿直立，侧花芽比率 87%。雄先型。多双果和 3 果，结果早。

⑫鲁核 5 号。山东省果树研究所从早实核桃实生后代选出的早实大果型品种，2007 年鉴定命名。坚果长卵圆形，平均重 17.2 g，壳厚 1.0 mm，可取整仁，出仁率 55.36%。树姿开张，结果枝率 92.3%，侧花芽比率 96.2%，多双果。雌先型。适应性广泛。

⑬赞美。河北农业大学从赞皇县实生大树中选出，2009 年鉴定并命名。坚果长圆形，平均果重 11.30 g，硬壳厚度 1.23 mm，出仁率 53.6%，种仁中油酸含量较高，种仁颜色黄白，香味浓郁，口感酥脆。抗病力强，抗日灼(图 5-8)。

图 5-8 赞美坚果

2. 晚实类群优良品种

①清香。河北农业大学 1983 年从日本引进，2002 年通过河北省科技成果鉴定，2003 年通过河北省林木良种审定，2013 年通过国家林木良种审定。坚果广椭圆形，平均重 14.5 g，壳厚 1.1 mm，可取整仁，无涩味，出仁率 53%。树姿半开张，树势强健，幼树生长旺盛，分枝力中等。雄先型。适宜栽植株行距 5m×6m。嫁接苗栽后 2~3 年成花结果。耐土壤瘠薄，要求肥水条件中等。抗病力强，较耐晚霜，适应能力广泛。在云南、湖北、宁夏、安徽、河南、河北等地生长结果良好(图 5-9)。

图 5-9 清香坚果

②礼品 2 号。辽宁省经济林研究院从新疆晚实纸皮核桃实生后代中选出，1989 年定名并发布。坚果长圆形，平均重 13.5 g，壳厚 0.7 mm，可取整仁，出仁率 67.4%。树姿半开张，分枝力较强。雌先型。常有 1 总苞内有 2 个坚果现象。较耐寒抗病，适宜栽植株行距 4m×5m(图 5-10)。

③晋龙 1 号。山西省林业科学院从实生核桃后代中选出，1991 年定名并发布。坚果近圆形，平均重 14.85 g，壳厚 1.1 mm，可取整仁，出仁率 61%。树姿较开张，树势较旺，侧生结果枝率 44.5%。高接后 3 年成花结果。雄先型。适宜株行距 5m×6m。抗逆性、耐寒性、耐旱力较强。连续结果力强，适栽地区广泛(图 5-11)。

图 5-10　礼品 2 号坚果

图 5-11　晋龙 1 号坚果

④西洛 1 号。西北林学院从实生核桃后代中选出，1984 年定名并发布。坚果近圆形，平均重 13 g，壳厚 1.13 mm，可取整仁，出仁率 57%。树姿较直立，树势中等，分枝力强，侧生结果枝率 12%。雄先型。耐寒、抗病，适栽地区广泛。

⑤北京 746。北京市农林科学院林果研究所从实生核桃后代中选出，1986 年定名并发布。坚果近圆形，平均重 11.7 g，壳厚 1.2 mm，可取整仁，出仁率 54.7%，仁无涩味。树姿开张，树势较强，分枝力中等，侧生结果枝率 10%左右。雄先型。耐土壤瘠薄干旱，避晚霜及春寒为害。连续结果力强，适栽地区广泛。

⑥石门元宝。河北省卢龙县从"石门核桃"群体中选出，2007 年鉴定命名。坚果元宝形，平均重 14.5 g，壳厚 1.10 mm，可取整仁，出仁率 59.2%，仁香不涩。树姿开张，树势中等。雌先型。抗病力强，耐干旱和土壤瘠薄，适栽地区广泛。

⑦石门硕宝。河北省卢龙县从"石门核桃"群体中选出，2007 年鉴定并命名。坚果元宝形，平均重 21.15 g，属大果型，壳厚 1.16 mm，出仁率 52.12%，可取整仁，仁香不涩。树姿开张，树势中等。雌先型。抗病，耐土壤干旱瘠薄，适栽地区广泛。

⑧金薄香 6 号。选自新疆早实核桃，2012 年通过省级品种审定。嫁接苗栽后第 2 年开始结果，第 7 年进入盛期。坚果平均重 13.0 g，果形长圆，壳厚 1.3 mm，果面光滑，取仁容易，缝合线紧密，出仁率 50.8%，仁乳白色。短果枝结果为主。雄先型。5 年生平均株产 3.8 kg。

⑨西洛 3 号。西北林学院从洛南晚实核桃实生树中选育而成，1987 年通过省级鉴定。坚果圆形，单果平均重 14 g，壳面较光滑，缝合线紧密。壳皮厚 1.2 mm。取仁容易，出仁率 56%，仁饱满色浅。树势强健，分枝力中等，结果枝率 35%。短果枝结果为主，多 3 果。抗寒、抗旱和抗病力强，耐土壤瘠薄。

3. 材果兼用类群品种

①青林。山东省林业科学院的侯立群和泰安市绿园经济林果树研究所的

王钧毅，1996 年在泰安市黄前镇邵家庄发现的 20 余年生材果兼用晚实核桃优株，经过复选和决选，2007 年通过省级鉴定并定名，2008 年通过部级验收。该品种干性强、生长旺盛、树干通直。33 年生树高 18.5 m，冠径 12.0m×10.0m，干高 5.96 m，干周 150 cm。单株材积量 1.168 m³，平均每年材积量 0.035 4 m³。28 年生母树年产坚果 96.5 kg，实生 2 代 6 年平均年产坚果 50.5 kg。树姿直立，树冠半圆形。分枝力强，侧生混合芽率 30%，坐果率 80%。发芽晚可躲避晚霜为害，果实成熟期晚（9 月下旬），大小年结果明显，未见枝干果实病害。坚果重 17.78～20.0 g，壳厚 2.18～2.50 mm，出仁率 40.12%，仁香无涩味。平原地区株距 8～10 m，行距 15～20 m，栽植密度 50～83 株/hm²；山地株距 6～8 m，行距 8～10 m。实生后代保持亲本的特性和品质。适宜于城市绿化、农田防护林，林粮间作，材果双收。山东、陕西、新疆、山西等地已引种（图 5-12）。

图 5-12　青林坚果

②鲁核 1 号。山东省果树研究所从新疆早实核桃中选出，1996 年定为优系，经复选和决选（1997—2001 年）发表。10 年生母树高 9.5 m，3 年生树干径平均年增长 2.5 m，树高年平均增长 2.5 m。嫁接苗定植后 2～3 年开花结果。树势强，生长快，侧生混合芽比率 73.6%。坚果平均重 13.2 g，壳厚 1.2 mm，出仁率 55%。枝干生长速度快，抗逆性较强，属材果兼用品种。

三、部分优异种质资源

①穗状核桃。坚果椭圆形，平均重 10 g 左右，壳厚 0.82 mm，可取整仁，偶有露仁，出仁率 65%，仁味香甜。树姿开张，分枝力中等，每果枝结果 4 个以上。河北、山西、陕西等地有多种类型穗状核桃（图 5-13）。

图 5-13　穗状核桃结果状

②无隔核桃(奇特核桃)。生长在陕西华县金堆镇细川村的叶志刚家中。坚果中等大小，壳薄如纸，内无横隔，极易取仁，历来为当地群众珍爱。

③康县褴褙核桃。生长在甘肃康县嘴台乡孙家村苟家坝。坚果扁卵圆形，重9.8~10.8 g，可取整仁，仁味香甜。树姿直立，树势强健。同一树上既有褴褙果，也有单果和2果愈合成一果。其中褴褙果约占35%，坚果品质优良(图5-14)。

④红瓤核桃。产于陕西城固县双溪乡鲁家沟口村。母树百年以上，1960年发现。坚果近圆形，重10~13 g，壳厚1.2 mm。仁色鲜红，贮藏后呈紫红色，光亮美观。树姿开张，树势较弱。幼叶艳红，成叶变绿但叶脉呈淡粉红色。柱头初开淡红色后变白色。耐寒，抗旱(图5-15)。

图5-14 康县褴褙核桃

(引自《中国果树志·核桃卷》)

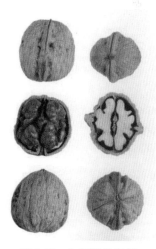

图5-15 红瓤核桃坚果

(引自《中国核桃种质资源》)

⑤白水核桃。产于河南林县、嵩县、栾川、卢氏等地。坚果卵圆形，重11~14 g，壳厚1.2~1.5 mm，品质优良，可取半仁或整仁，出仁率50%左右。果实青皮汁液不染手，宜作鲜食核桃开发利用。山西、河北、陕西也有发现。

⑥大核桃。产于陕西镇安县，栽植较普遍。坚果重23.4 g，果壳较厚，但可取整仁。树姿直立，呈圆锥形，果实成熟较早，产量高。耐寒、抗旱力差，喜肥水。

⑦香核桃。邓烈等选自香核桃实生类群，母树位于四川茂汶县南新乡棉簇村海拔1 100 m的耕地上。1988年定为优良株系，北京有少量种植。坚果圆形，重约9.7 g，壳厚1.4 mm，可取整仁，出仁率59.6%，仁有桃香味。

树姿开张，产量较低，抗寒性较差，适于我国中南和西南地区生长。

四、从国外引进的核桃品种和美国黑核桃类型

1. 从美国引进的核桃品种

1984 年中国林业科学院林业研究所引入我国 7 个美国优良核桃品种，在辽宁、北京、山东、河南、河北、山西、陕西等地有少量栽培。

①爱米格（Amigo）。美国主栽品种。坚果卵圆形，重 10 g，壳面较光滑，缝合线紧密且平，壳厚 1.4 mm，易取仁，出仁率 52％。树体较小而开张。雌先型。

②强特勒（Chandler）。美国主栽品种。坚果长圆形，单果重 11 g，壳厚 1.5 mm，壳面光滑，缝合线紧密且平，易取仁，仁色浅，出仁率 50％。树体大小中等，较直立。雄先型。侧生混合芽 90％以上(图 5-16)。

图 5-16　强特勒坚果

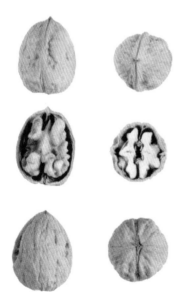

图 5-17　哈特雷坚果
（引自《中国核桃种质资源》）

③哈特雷（Hartley）。美国主栽晚实品种。坚果尖卵形，基部平，顶部渐尖，平均果重 14.5 g，壳面光滑，缝合线紧密且平，出仁率 46％。树体较大，树姿较直立。雄先型。侧生混合芽 20％～30％(图 5-17)。

④契可（Chico）。坚果长圆形，基部平，顶部圆。平均果重 8 g，壳面光滑，缝合线紧密略宽而突起。壳厚 1.5 mm，易取仁，出仁率 47％。树体较小，树姿直立，早实型。雄先型。

⑤希尔（Serr）。坚果椭圆形，平均果重 12g，壳面光滑，壳厚 1.2 mm，缝合线紧密，易取仁，仁色浅，出仁率 52％。树体中等，树势旺盛。雄先型。

⑥泰勒（Tular）。坚果近圆形，壳面光滑，平均果重 13 g。缝合线紧密且平，易取仁，出仁率 53％。树姿直立，生长势强。侧生混合芽 76％。雄先型。

⑦维纳（Vina）。美国主栽早实型品种。坚果基部平，顶部渐尖。平均果

重 11 g，壳面光滑，壳厚 1.4 mm，缝合线紧密且平，易取仁，出仁率 50%。
树体大小中等，生长势强且直立，侧生混合芽 80%。

2. 从日本引进的核桃品种

1983 年河北农业大学从日本引进优良核桃品种清香，2002 年通过省级鉴
定，2003 年通过河北省林木良种审定。已在湖北、云南、山东等 20 个省份引
种栽培，面积约有 5.3 万 hm²。清香核桃是日本核桃育种专家清水直江历经
16 年，从 10 万多株核桃中精选培育出的品质出众的优良品种。1983 年 70 岁
的清水直江来华将清香核桃接穗赠送给河北农业大学，他希望这一品种在中
国大地开花结果，造福百姓，愿中日睦邻友好世代相传。

坚果卵圆形，外形美观，壳皮光滑，坚果重 14～15 g，缝合线紧密，壳
厚 1.1 mm，易取仁，出仁率 53%。成年清香核桃树体高大，树姿开张。幼树
生长旺盛，结果后树势健壮稳定。嫁接苗栽后 2～3 年开花结果。雄先型。双
果率 80% 以上。区域适应性和抗病力强(图 5-9)。

3. 从罗马尼亚引进的核桃品种

1996—2000 年山西省林业科学研究所从罗马尼亚引进了 5 个避晚霜优良
品种。通过 10 多年栽培及区域试验，认为 5 个品种在山西晋中地区具有萌芽
期和雌花开放期均晚于晋龙 2 号核桃 5～9 d，适宜于我国北方易发生晚霜为
害和高海拔(1 000～1 300 m)核桃产区种植。

①塞比塞尔 (Sibisel precoce)。晚熟品种。树势和分枝力强。雄先型。较
抗寒、抗病，发芽期比晋龙 2 号晚 6 d。坚果平均重 10.9 g，壳面较光滑，壳
厚 1.2 mm，易取仁，出仁率 54.7%。

②塞比塞尔 44 (Sibisel 44)。晚熟品种。树冠塔形，分枝力较强。抗寒、
抗病，发芽期比晋龙 2 号晚 15～17 d。坚果卵圆形，平均重 10.9 g，壳厚
1.16 mm，易取仁，出仁率 51.42%。

③奥热斯蒂 (Orastia)。晚熟品种。树姿较弱，分枝力较强，雌雄开花同
期，萌芽期比晋龙 2 号晚 6 d。坚果桃形，平均重 11.5 g，壳厚 1.19 mm，易
取仁，出仁率 52.4%。

④乔杰优 65 (Geoagiu 65)。晚熟品种。树势和分枝力均较强，雌先型，
较抗寒、抗病，萌芽期比晋龙 2 号晚 9～12 d。坚果长椭圆形，缝合线宽且紧
密，平均坚果重 11.7 g，壳厚 1.22 mm，易取仁，出仁率 56.1%。

⑤吉米塞热 (Germisara)。晚熟品种。树势较弱，分枝力较强。雌先型。
较抗寒、抗病，萌芽期较晋龙 2 号晚 6 d。坚果卵圆形，壳面光滑，壳厚
1.15 mm。可取整仁或半仁，出仁率 54.2%。

4. 从美国引进的黑核桃类型

由中国林业科学院林业研究所等单位先后从美国引入我国材用和材果兼

用黑核桃 19 个类型，主要有北加州黑核桃(*J. hindsii*)、魁核桃(*J. major*)、东部黑核桃(*J. nigra*)、比尔(*Bill*)、哈尔(*Hare*)等。

5. 从朝鲜引进的核桃品种

1998 年通过中朝合作项目，辽宁省经济林研究所引进了在朝鲜曾获金日成特别奖的晚实、抗病核桃安边系列优良品种安边 1 和安边 2。2 个品种表现生长势强，树势开张，冠径大。突出特点是枝条呈红褐色，细软下垂，结果母枝下部枝易成结果枝，顶芽为叶芽。安边 1 短枝占比较低(31%)，安边 2 中长枝占比较高(85%)。抗病力均很强，感病率和患病级数都很低，但抗旱能力和抗寒性能较差，1～2 年生幼树需冬季防寒。

第三节　深纹核桃的主要类群和优良品种

深纹核桃(*J. sigillata* Dode)是法国植物学家道德(Dode)对云南俗称铁核桃的命名，*J. sigillata* 意为壳面沟纹深刻。云南省的核桃名称很多，在长期的人工选择和生产实践中，将众多类型按坚果壳皮厚度、取仁难易和出仁率分为泡核桃、夹绵核桃及铁核桃 3 个类群(图 5-18)。在各类群中又有很多地方农家品种，3 个类群的共同特点是外壳沟纹深、麻点多。

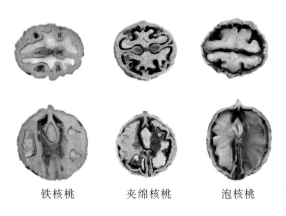

铁核桃　　　　夹绵核桃　　　　泡核桃

图 5-18　深纹核桃 3 个类群坚果剖面图

一、主要类群

(1)泡核桃类群

坚果壳厚 1.2 mm 以下、出仁率 46% 以上的核桃称为"泡核桃"。泡核桃横隔及内褶壁纸质，可取整仁或半仁。果仁饱满，黄白色(或紫色和浅琥珀色)。分布在云南各地，栽培广泛，品种较多。

(2)夹绵核桃类群

坚果壳厚1.2~1.5mm、出仁率30％~46％的核桃称为"夹绵核桃"。横隔及内褶壁皮质或骨质，可取1/4仁或碎仁果，果仁饱满。分布在云南各地，农家品种和优株很多，多为实生后代。

(3)铁核桃类群

坚果壳厚大于1.5mm、出仁率30％以下，俗称铁核桃。铁核桃内隔及内褶壁骨质，取仁极难，只能取碎仁。仁饱满，黄白色(或紫色和琥珀色)。铁核桃坚果广泛用作播种生产砧木苗，壳皮用作加工制成工艺品。主要分布在云南、贵州、四川，实生后代类型繁多，名称杂乱，多为野生状态存在。

二、主要优良品种和优良无性系

1. 泡核桃类群优良品种

(1)漾濞大泡核桃

又名绵核桃、茶核桃、麻子，原产于云南省大理白族自治州漾濞县。1979年在全国核桃科技协作会上被评为全国优良品种之一，是我国云南、贵州的主栽品种。

该品种树势强，树高可达30 m以上，冠幅可达734 m²。单株产果量最高达3.7万个，折合488.4 kg。每平方米冠影产仁量340 g以上。坚果三径平均为3.6 cm，坚果重8.0~17.1 g，壳厚平均0.9 mm；出仁率50％~76.56％(露仁)；果仁饱满，味香，黄白色；脂肪含量76.26％，蛋白质含量17.32％。丰产性好，适应性强(图5-19)。

结果状

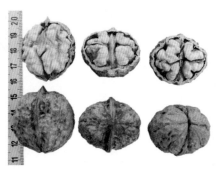

坚果特征

图5-19 漾濞大泡核桃

该品种在漾濞县种植面积占泡核桃面积的 80％以上，为云南省泡核桃的主栽品种。主要分布在海拔 1 100～2 500 m 地带，是云南省分布最广、产量最高的泡核桃品种，云南省出口的核桃仁大多出自该品种。

（2）三台核桃

又名拉乌核桃、乌台核桃，主产于云南宾川县拉乌乡和大姚县三台乡等地。早年称为乌台核桃或拉乌核桃，后定名为三台核桃。在云南分布较广，主要分布在大理、楚雄 2 个州。均为无性系品种。主要分布在海拔 1 500～2 500 m。1979 年在全国核桃科技协作会上被评为全国优良品种之一，种植面积仅次于大泡核桃。坚果三径平均为 3.6 cm；坚果平均重 11.6 g，壳厚0.8 mm；出仁率 51.49％～65.12％（露仁）；脂肪含量 72.74％，蛋白质含量17.26％（图 5-20）。

结果状　　　　　　　　　　　　　　　坚果特征

图 5-20　三台核桃

该品种树势强，树高可达 30 m 以上，冠幅 636 m²，单株最高产量 3.2 万个，折合 329.6 kg。每平方米冠影产仁量高达 300 g。

该品种适宜于生长在北纬 25°、海拔 1 000～2 500 m 的地带。对立地条件要求较严，易出现早期落果现象。

（3）米甸薄壳核桃

又名短果，主产于云南祥云县、宾川县、大姚县等地，属无性系品种。坚果三径平均为 3.1 cm；壳面麻点较少且较浅，缝合线较紧密且稍有隆起；坚果重 7.8～11 g，仁重 4.2～6.4 g，壳厚 0.8 mm，可取整仁，出仁率50.00％～54.88％；仁较饱满，味香，黄白色，脂肪含量 68.29％。

（4）云新高原（j. sigillata×j. regia）

云南省林业科学院 1979 年通过种间杂交育成，1997 年通过省级鉴定，2004 年通过品种审定。该品种树势强健，树冠紧凑，发中长枝较多，侧生结果枝率 49.72％，坐果率 78.9％。嫁接苗栽后 1～3 年结果，5 年进入初盛果期，平均株产 3.5 kg，每平方米树冠投影产仁 0.19 kg。适于海拔 1 000～2 400 m(北纬 20°)的地方栽培，树体矮化，抗早霜，休眠期可耐−7℃。果实8月上旬成熟。坚果长扁圆形，三径平均为 3.64 cm；坚果平均重 13.4 g，属大果形，壳厚 0.95 mm，可取整仁；壳面较光滑，果仁饱满；仁色黄白，出仁率 52%(图 5-21)。

结果状 坚果特征

图 5-21　云新高原核桃

(5)云新云林（*j. sigillata×j. regia*）

云南省林业科学院 1979 年通过种间杂交育成，1997 年通过省级鉴定，2004 年通过品种审定。该品种树势较旺，树冠紧凑，发中短果枝较多，侧生结果枝率 55.87%，坐果率 82.1%。嫁接栽后 1～3 年结果，5 年进入初盛果期，平均株产 3.5 kg，每平方米树冠投影产仁 0.27 kg。适于海拔 1 000～2 400 m(北纬 20°)的地方栽培，树体矮化，休眠期耐−7℃。果实 8 月中、下旬成熟。坚果扁圆形，属中等果型，三径平均为 3.2 cm，坚果平均重 10.7 g，壳厚 0.95 mm，可取整仁；壳面刻沟较浅，果仁饱满，黄白色，出仁率 55.66%(图 5-22)。

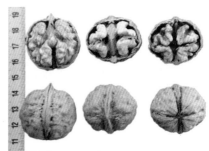

结果状 坚果特征

图 5-22　云新云林

此外，云南省林业科学院 1990—1991 年用三台核桃与新疆早实核桃种间杂交育成云新 301、云新 303 和云新 306 三个品种，2002 年通过省级鉴定，2004 年通过品种认定。3 个新品种均具有早果（栽后 2～3 年结果）、早熟（8 月下旬）、中短果枝结果等特性。并有树体矮化紧凑，侧生结果枝率 85％以上，壳面光滑，可取整仁，出仁率 60％左右，耐低温（−7℃）等特点。

（6）漾江 1 号

由云南大理州林业局的杨源从漾濞江流域的实生泡核桃优株中选育出。树势中等，树冠自然开心形。中长结果枝结果，每果枝平均结果 2 个以上。每平方米冠影产仁量 358 g。坚果三径平均为 3.7 cm；坚果平均重 16.5 g，壳厚 1.0 mm；横隔纸质，内褶壁退化，可取整仁，出仁率达 61.94％；果仁饱满，黄白色，味香；脂肪含量 73.17％，蛋白质含量 16.08％（图 5-23）。

该品种适宜北纬 25°左右、海拔 1 000～2 500 m 地带种植。生长旺盛，抗逆性强。在立地条件差的地方种植，生长结果情况好于大泡核桃。

结果状　　　　　　　　　　坚果特征

图 5-23　漾江 1 号

（7）漾江 2 号

坚果三径平均为 3.8 cm；坚果平均重 17.5 g，出仁率 46.96％；壳厚 1.3mm；仁含油率 66.50％，蛋白质含量 10.16％。该品种特点与娘青核桃相近。适宜于海拔 1 400～2 600 m（北纬 25°左右），抗逆性较强，耐较贫瘠土壤。

（8）漾杂 1 号

云南省大理州林业局的杨源用大泡核桃优株与娘青核桃种间杂交培育而成。该品种树势强壮，分枝角度较大，树冠紧凑，内膛充实，多为中长果枝。16 年生树高 11.5 m，冠幅 94 m²，单株产果 4 763 个，折合 74.30 kg，每平方米冠影产仁达 574 g。适宜于北纬 25°左右、海拔 1 000～2 600 m 地带。坚果三径平均为 3.5 cm；坚果平均重 15.6 g，壳厚 1.2 mm 左右；可取整仁，出仁率 54.62%；果仁饱满，黄白色；脂肪含量 72.23%，蛋白质含量 11.26%（图 5-24）。

结果状　　　　　　　　　　　坚果特征

图 5-24　漾杂 1 号

(9)漾杂 2 号

云南省大理州林业局的杨源用大泡核桃与娘青核桃进行杂交培育而成。该品种树势强壮，分枝角度较小，树冠紧凑，内膛充实，多为中长果枝。16 年生株高 12.4 m，冠幅 66 m²，单株产果 2 416 个，折合 40.26 kg，每平方米冠影产仁达 597 g。适宜于北纬 25°左右、海拔 1 000～2 600 m 地带，抗逆性强，坐果率高。在立地条件差的地方种植，生长结果情况好于大泡核桃。坚果三径平均为 3.5 cm；坚果平均重 16 g，大果型；壳厚1.1 mm；可取整仁，出仁率 56.56%；果仁饱满，黄白色；脂肪含量 69.74%，蛋白质含量 11.88%（图 5-25）。

结果状　　　　　　　　　　　坚果特征

图 5-25　漾杂 2 号

(10)漾杂 3 号

云南省大理州林业局的杨源用大泡核桃与娘青核桃进行杂交培育而成。该品种树势强壮，树冠紧凑，内膛充实。16 年生株高 12.2 m，冠幅 119 m²，单株产果 6 020 个，折合 83.68 kg，每平方米冠影产仁 495 g。坚果三径平均为 3.5 cm；坚果平均重 13.9 g；壳厚 1.1 mm；可取半仁或整仁，出仁率 53.79%；果仁饱满，黄白色；脂肪含量 69.56%，蛋白质含量 11.23%（图 5-26）。

该品种适宜于海拔 1 000～2 600 m（北纬 25°左右），生长旺盛，抗逆性强，坐果率高，丰产性强。在立地条件差的地方种植，生长结果情况好于大泡核桃，但坚果稍小。

结果状　　　　　　　　　　　坚果特征

图 5-26　漾杂 3 号

(11)维 2 号

由云南省林业科学院的张雨等通过对铁核桃种群初选、复选和决选，历时 5 年选出，2008 年通过省级品种审定。坚果圆球形，壳皮光滑，坚果平均重 15.6 g，壳厚 1.2～1.5 mm，易取仁，出仁率 54%。树姿开张，发枝力中等，雄先型，每结果枝结果 2～3 个。适应性和抗逆性较强，适宜于云南海拔 1 800～2 100 m、平均气温 14.5℃、年雨量 1 000 mm、≥10℃积温 5 000℃的冲积壤土地区种植。

(12)娘青

系农家优良无性系品种。产于云南省漾濞县。该品种适应性强，耐贫瘠土壤，适合于箐边、荒地种植。在含石量高达 70%以上的荒坡上，娘青核桃平均单株产量仍达 39.72 kg。抗枯盘多毛孢菌为害明显优于大泡核桃。坚果三径平均为 3.5 cm；坚果平均重 12.5 g；壳厚 1.2 mm；可取整仁，出仁率 49.2%；仁紫色或琥珀色，饱满；脂肪含量 63.19%～74.41%（图 5-27）。

该品种适宜种植于北纬 25°左右、海拔 1 000～2 600 m 地带。抗逆性强，坐果率高，丰产性强。在立地条件较差的地方种植，生长结果情况好于大泡核桃。

结果状　　　　　　　　　　　坚果特征

图 5-27　娘青

（13）圆菠萝

又名阿本冷，系农家优良无性系品种。产于云南漾濞、洱源、云龙等县。该品种树势中庸，分枝角度较大，呈自然开心形，内膛较空。坚果三径平均为 3.8 cm；坚果平均重 14.7 g；壳厚 1.1 mm；可取整仁，出仁率 48.6％～53.5％；果仁不够饱满，黄白色或棕白色；脂肪含量 49.20％～68.55％。

适应性较强，幼树生长较旺，产量比较稳定，多栽培在海拔较高地区。由于萌芽较早，易受早春霜冻为害。

（14）纸皮

系农家优良无性系品种。产于云南云龙县等地，分布于海拔 1 700～2 400 m 的地带。树势中庸，内膛较充实。每平方米冠影产仁达 190 g。坚果三径平均为 3.7 cm；坚果平均重 14.7 g；壳厚 0.8 mm；可取整仁，出仁率 56.9％～62.0％；果仁饱满，黄白色；脂肪含量 72.89％，蛋白质含量 12.49％。适宜种植于海拔 1 000～2 400 m（北纬 25°左右）地区，耐土壤贫瘠，抗逆性较强。

（15）大包壳

又名撒麦老、大菠萝，系农家优良无性系品种。产于云南漾濞、洱源、云龙、剑川等县。树势强壮，树高 30 m 以上。平均单株产量 220 kg，每平方米冠影产仁 200 g 以上。适宜于海拔较高地区种植。坚果平均三径为 4.7 cm；坚果平均重 15.2～19.8 g；壳厚 1.2 mm；可取整仁，出仁率 48.9％～50.3％；果仁欠饱满，淡黄色或琥珀色；脂肪含量 65.82％～69.06％（图 5-28）。

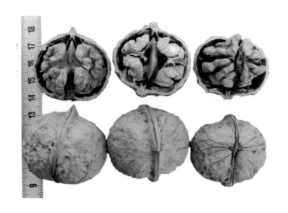

图 5-28　大包壳

(16)四方果

系农家优良无性系品种。产于云南云龙县检槽乡，当地栽培面积较大。该品种抗逆性特强，在立地条件差的山沟、坡地上仍有高产稳产单株。每平方米冠影产仁 292 g。坚果三径平均为 3.7 cm；坚果平均重 16.8 g；壳厚1.1 mm；内隔壁及内褶壁较发达，出仁率 46.43%；果仁淡黄白色，较饱满；脂肪含量 69.73%，蛋白质含量 15.68%。适宜种植于北纬 25°左右、海拔 1 800～2 500 m 地带。耐土壤贫瘠，抗逆性较强，耐早春霜冻，坐果率高，产量稳定。

泡核桃的农家优良类型很多，择其主要优良类型列入表 5-1。

表 5-1　泡核桃农家优良类型

名称	产地	每平方米冠影产仁/g	三径/cm	坚果平均重/g	出仁率/%	仁含油率/%
弥渡草果	云南	200 以上	2.4×2.7×3.5	7.1	57.6～63.0	71.80
滑皮	云南	359	3.5×3.9×4.2	14.7	49.5	66.92
天池薄壳	云南	150 以上	3.1×3.2×3.8	11.9	42.6～55.1	68.20
大白壳	云南	130 以上	3.3×3.8×3.5	12.8	51.9～57.8	66.00
大鸟米籽	云南	130 以上	3.5×4.2×4.1	17.1	49.1～52.6	65.80
会泽露仁	云南	130 以上	2.8×3.0×3.9	7.4	58.3～63.66	66.30

续表

名称	产地	每平方米冠影产仁/g	三径/cm	坚果平均重/g	出仁率/%	仁含油率/%
昭通2号	云南	130以上	3.0×3.0×3.6	9.2	51.8～56.9	70.50
石屏3号	云南	130以上	2.9×3.5×3.5	10.9	58.7～63.0	51.30
屏边1号	云南	130以上	3.2×3.5×3.4	10.4	54.0～69.5	69.80
鸡蛋皮	云南	130以上	3.0×3.2×4.1	11.1	51.0～59.3	68.60
丽江6号	云南	130以上		11.0	66.3	73.90
维西2号	云南	130以上		15.6	53.0	72.10
泸水1号	云南	130以上	3.7×4.1×3.7	14.1	52.6	71.90
厚皮	云南	200以上	4.3×3.7×5.0	21.2	48.58	66.43
火把糯	云南	200以上	4.0×3.8×4.3	14.5	44.83	65.69
妙姑核桃	云南	200以上	3.9×3.2×3.4	12.7	50.58	66.37
褐皮	云南	200以上	3.6×4.0×4.0	16.7	54.17	68.06
昭通8号	云南	200以上	3.6×3.7×4.1	12.9	47.87	55.09
大麻壳	云南	200以上	3.5×4.0×4.4	15.6	46.91	64.18
黔1号	贵州	150以上	3.0×3.2×3.4	8.4	63.0	70.00
黔2号	贵州	150以上	3.4×3.1×3.3	13.0	59.0	71.00
黔3号	贵州	150以上	3.5×3.2×3.3	10.3	67.0	70.00
黔5号	贵州	150以上	3.3×3.1×3.3	10.7	56.0	69.00
黔9号	贵州	150以上	3.7×3.4×3.6	14.7	53.0	70.00
薄麻壳	贵州	150以上	4.0×3.8×4.2		53.6	70.17

2. 夹绵核桃类群优良无性系

本类群均系农家优良无性系，数量较多，主要产于云南漾濞县。

（1）大核桃夹绵

该品种坚果扁圆球形有4棱，三径平均为3.7 cm；壳面沟点较少且大而浅，缝合线紧密稍隆起；坚果平均重17.8 g，仁重8.5 g；壳厚1.2 mm；内隔骨质、较厚，内褶壁发达、骨质；可取1/4仁，出仁率45.75%；果仁饱满，仁色黄白色或浅琥珀色；脂肪含量72.84%，蛋白质含量11.95%。耐瘠薄土壤，连年丰产。

（2）小核桃夹绵

该品种坚果圆球形，基部较平，顶部突尖。三径平均为 3.0 cm；壳面麻点多且小而深，缝合线紧密较隆起；壳厚 1.2 mm；内隔和内褶壁骨质、发达；可取 1/4 仁，出仁率 43.4%；仁饱满，黄白色；脂肪含量 68.20%。较适于海拔 1 800 m 左右地区种植。耐瘠薄土壤，较稳产。

（3）大屁股夹绵

该品种坚果扁圆球形，基部较大而平，顶部较圆，尖端突尖。三径平均为 3.4 cm；坚果平均重 14 g；壳面麻点多、大而深，缝合线中上部稍隆起；仁重 6.2 g；壳厚 1.3 mm；内隔和内褶壁较发达、骨质，可取 1/4 仁，出仁率 44.3%；果仁饱满，黄白色；脂肪含量 66.43%。适于在荒山荒地种植，耐贫瘠土壤。坚果主要用于榨油。

（4）油皮核桃

该品种坚果卵圆形，尖端较钝。三径平均为 3.7 cm；坚果平均重 16.6 g；平均仁重 7.0 g；壳面较光滑，麻点少且大而浅，缝合线宽紧密；壳厚 1.3 mm；内隔和内褶壁较发达、骨质；取仁较难，出仁率 42%；果仁饱满，黄白色；脂肪含量 70.27%。可作育种材料。

其他夹绵核桃类型列入表 5-2 中。

表 5-2　云南省其他夹绵核桃类型

名称	产地	三径/cm	坚果平均重/g	出仁率/%	仁含油率/%
鹤庆尖嘴	鹤庆县	2.6×2.9×3.5	8.8	43.21	
小夹绵	鹤庆县	2.4×2.7×2.6	6.8	33.72	
平底夹绵	鹤庆县	3.1×3.6×3.7	11.7	41.03	
屏边2号	屏边县	3.4×4.0×4.0	13.7	43.80	67.24
屏边3号	屏边县	2.8×3.1×3.4	11.0	45.33	67.45
宜良1号	宜良县	2.9×3.5×3.3	9.4	43.83	66.19
宜良1号	宜良县	3.0×3.6×4.1	15.4	37.82	70.39
师宗麻壳	师宗县	3.1×3.3×3.5	11.2	35.36	60.93
草果夹绵	文山县	3.1×3.2×3.7	12.4	41.13	70.71
大麻夹绵	临沧市	3.5×4.0×4.4	15.6	45.91	64.18
昭通4号	昭通市	2.9×3.1×3.4	10.8	45.11	61.97
昭通5号	昭通市	3.1×3.5×3.9	11.9	45.21	62.22
寻向夹绵	寻向县	3.3×3.7×3.5	14.6	32.05	59.45
昭通6号	昭通市	2.8×2.9×3.3	8.5	45.41	66.80

续表

名称	产地	三径/cm	坚果平均重/g	出仁率/%	仁含油率/%
昭通 7 号	昭通市	3.5×3.7×4.4	14.2	45.07	59.07
昭通 11 号	昭通市	3.6×3.7×4.1	14.8	41.89	62.79
水箐夹绵	临沧市	3.9×3.7×3.3	11.5	42.70	71.90
大夹绵	大理州	3.8×4.1×4.1	16.4	32.93	—
尖嘴夹绵	永平县	2.7×3.1×3.7	10.4	38.46	—
老鸦嘴	大理州	3.9×4.3×4.0	17.6	45.20	69.40

夹绵核桃中偶尔出现聚生穗状结果现象，最多 1 个果穗可结果 33 个，是我国西南地区的宝贵种质资源。

参 考 文 献

[1] 裴东，鲁新政．中国核桃种质资源［M］．北京：中国林业出版社，2011.
[2] 郗荣庭，张毅萍．中国果树志·核桃卷［M］．北京：中国林业出版社，1996.
[3] 张志华，罗秀钧．核桃优良品种及其丰产优质栽培技术［M］．北京：中国林业出版社，1998.
[4] 王贵．避晚霜核桃品种引种研究初报［C］//第二届中国核桃大会暨首届商洛核桃节论文集．杨凌：西北农林科技大学出版社，2009：65-67.
[5] 闪家荣．大姚核桃［M］．昆明：云南科技出版社，2010.
[6] 张志华，王红霞，赵书岗．核桃安全优质高效生产配套技术［M］．北京：中国农业出版社，2009.
[7] 杨源．云南核桃［M］．昆明：云南科技出版社，2011.
[8] 龙兴桂．现代中国果树栽培［M］．北京：中国农业出版社，2000.
[9] 田歌，武彦霞，田鑫，等．薄壳核桃新品种金薄 6 号选育研究［J］．干果研究进展，2013(8)：48-53.
[10] 张雨．核桃新品种维 2 号选育［C］//第二届中国核桃大会暨首届商洛核桃节论文集．杨凌：西北农林科技大学出版社，2009：107-110.
[11] 郗荣庭，张毅萍．中国核桃［M］．北京：中国林业出版社，1992.

第六章　优质苗木繁育

选用良种和壮苗是核桃优质高产的物质基础和重要条件。嫁接是重要和有效的无性繁殖优良品种苗木的方法之一，也是保证品种优良特性稳定传递、达到优质丰产的首要保障。核桃生产先进国家采用嫁接技术繁殖育苗，实现了品种良种化、管理集约化。中国原有成龄树和部分幼龄树大多数仍为实生繁殖树，是造成我国核桃总体结果迟、单产低、品质差的重要原因。核桃是雌雄同株、异花授粉树种，实生后代分离显著，即使是同株树上的种子，其后代表现也良莠不齐，开始挂果年龄相差悬殊，单位产量和坚果品质差异更大。因此，必须淘汰实生育苗，建立优良品种采穗圃，实行嫁接繁殖，推广优良品种嫁接苗，实现良种、优质、高效益。

第一节　苗圃地选择和准备

苗圃地的土壤质地、灌排条件以及环境条件选择直接关系到育苗的成败。良好圃地应选择在土壤肥沃的沙质壤土、有灌溉和排涝条件、背风向阳、交通便利、不重茬的地块建圃。忌用撂荒地、盐碱地及重茬地作苗圃。

选定圃地后，首选要进行圃地规划和整理，主要包括划分功能区和土壤深翻、整平、施肥、灌水、做畦等。每公顷施优质农家肥 60～75 t、磷肥 120 kg 或二胺 750 kg、硫酸亚铁(黑矾)50 kg，混合均匀后撒入圃地，与土壤充分混合，耙平后做畦待用。

第二节　砧木苗培育

一、砧木种类及特性

优良核桃砧木是核桃生产的重要基础，也是解决核桃抗逆性、区域化和因砧木而出现的多种问题的有效途径。美国在核桃砧木选育方面取得了长足进步，其在单位面积产量、坚果质量和市场竞争力等方面均有显著提高。近年使用从杂交种选出的奇异核桃（paradox）做砧木，大大增强了核桃的抗逆性，根系发达，生长快速，树势强壮，产量提高，而且可以进行组织培养快速繁育砧木苗，节约大量的核桃种子。英、法等国用黑核桃做砧木，核桃产量和坚果质量都有所提高。

如砧木和接穗同属植物学分类中的一个种，则称为"共砧"。共砧和接穗间亲和力高，适应性强，苗木长势良好，应用广泛。中国和许多国家都用核桃实生苗为砧木嫁接核桃优良品种；中国西南地区多年用深纹核桃中的铁核桃实生苗做砧木，嫁接同一种内的泡核桃，生长结果良好，适应区域广阔。

中国许多地方用核桃楸和山核桃做核桃砧木，与接穗的亲和力褒贬不一，如易出现嫁接苗叶片早黄、"大小脚"和"小老树"现象。尚未见成功报道和生产应用。

2011 年山西省林业科学院培育出晋 RS-1 系核桃砧木新品种，已通过省级审定，并在山西孝义县基地建立 RS-1 砧木种子园。另外，晋 RS-2 系和晋 RS-3 系砧木新品种即将申报审定，将会对我国核桃产业持续发展产生重要影响。

砧木品质对生产品种化、发展区域化和产业规模化至关重要，提高核桃的适应性和抗逆性、抗病性育种应成为核桃砧木育种的主要目标，这已开始引起人们的高度关注。

二、砧木种子的选择、处理及播种

1. 砧木种子的选择

优良砧木种子出苗率高，出苗整齐且生长健壮，有利于管理和提早嫁接。做砧木用的种子应从生长健壮、无病虫害、果实较大、种仁饱满的树上采集。衰老树和立地条件差的树上的种子不饱满，发芽率低，成苗弱。脱去青皮的种子要薄摊在通风干燥处晾晒，不宜在水泥地、石板或铁板上曝晒，以防降低发芽力。秋播的种子不需长时间贮藏，晾晒也不需干透。春播的种子必须充分干燥(含水量低于 8%)后贮存于低温、通风干燥处，或用湿沙层积贮藏。用作砧木的种子不能过早采收。同时还应对种子进行大小分级，分别播种。种子分级的标准是：纵径和横径的平均值大于 2.8 cm 的为大粒，纵径和横径的平均值小于 2.8 cm 的为小粒(图 6-1)。大粒核桃出苗率高、生长快、苗木健壮，有利于提高嫁接成活率。大粒和小粒种子分开播种有 3 大好处：一是有利于加强对小核桃砧木苗的水肥管理，二是可按 2 类实生砧木苗长势决定嫁接时间，三是有利于嫁接苗分级出圃。

图 6-1 大粒种子(左)和小粒种子(右)

2. 种子播种前处理

①湿沙贮藏(层积处理)。沙藏材料最好用干净的细河沙，湿度以手握成团而不滴水、松手后不散开为宜(含水量约为 30%)，沙藏时间一般在当年 12 月至翌年 2 月。地点选择在地势较高的背阴处，挖深 60～90 cm、宽 60～100 cm 的沙藏坑。种子量大时可分沟沙藏。沙藏前沟底先铺一层 20～30 cm 厚湿沙，然后放一层种子，再铺一层湿沙，再放一层种子相间存放。也可以将种子与 3～5 倍的湿沙混合放在一起存放。当种子放至离地面 10 cm 时，用湿沙将坑填平，其上培土厚度为 30～40 cm，呈屋脊形。沙藏沟每隔 1.5 m 左右从坑底至坑顶竖草把或秫秸 1 束，以利通气。沙藏中后期应经常检查坑(沟)中种子的状况，并上下翻动，以通气散热。沙子干燥时应适当洒水增湿，如有少量种子霉烂应立即剔除，并设法降温，以防霉烂蔓延。当沙藏种子 10%～20% 露白时即可取出播种。

②冷水浸种。将种子放入冷水中浸泡 7～10 d，每天换水 1 次。或将种子装袋压入河、渠的流水中，使其充分吸水膨胀，然后捞出置于强烈的日光下

曝晒几小时，待90%以上的种子裂口即可播种。不裂口的种子剔出再浸泡几天后日晒促裂，少部分不开口种子可用人工轻砸种尖部促裂。

③石灰水浸种。将50 kg核桃倒入1.5 kg生石灰加10 kg水的石灰水中，用石头压住核桃，然后加冷水，浸泡7~8 d后捞出，在太阳下曝晒几个小时，种子裂口后即可播种。

④温水浸种。将种子放入缸中，倒入80℃左右的热水，随即用木棍搅拌，待水温降至常温后继续浸泡8~10 d，每天换冷水1次。待部分种子开始裂口，即可捞出播种。有小溪或渠水流动的地方，可将选择好的核桃种子装入麻袋内全浸入流水中。10 d左右，使其吸足水分后取出，在太阳下晒裂种壳后即可播种。

催芽有利于种子提早出苗，可把裂口的种子与含水30%的湿沙1:4混合。然后将种、沙混合物堆成高40 cm、宽1~1.2 m的催芽堆（催芽堆的长度根据种子的数量而定）。堆面覆盖薄塑料布4~5 d，以使温度均匀、发芽整齐。当种尖露白时即可播种。

3. 播种

①播种时间分秋播和春播。秋播宜在土壤结冻前的11月中旬至12月中旬进行，也可在青皮果采下后带青皮播种或脱青皮晾干后在地冻前播种。但不适于冬季严寒、干旱和春季风大，兽、鼠为害严重的地区应用。春播适宜在谷雨前后播种。

②播种方法。多采用畦内开沟点播，播种深度8~10 cm(秋播稍深些)。播种时种子的缝合线与地面垂直，以利于根和茎的正常伸长(图6-2)。播前应在畦内覆地膜保墒，播种时按预定株行距离打孔，种子播入后覆土盖严。

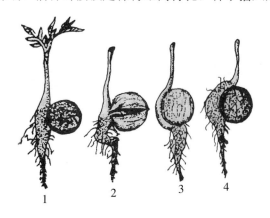

图6-2　核桃种子放置方式与幼苗生长的关系

1. 缝合线与地面垂直；2. 缝合线与地面平行；3. 种尖向下；4. 种尖向上

③播种量及播种方法。圃地播种用犁按株距 12～15 cm、行距 60～70 cm 开深 12～15 cm 的播种沟，在沟内点播。每公顷用大粒种子约 1 500 kg，小粒种子约 1 200 kg。为了苗木生长直立，不提倡宽窄行播种育苗。

④播种后管理。秋播应较厚覆土，墒情较好时不需浇"蒙头"水。但北方春季干旱风大地区，土壤保墒能力较差，需要适当灌水。幼芽出土困难时可浅松土以助其出土，也可在幼芽即将出土时，适时灌小水 1～2 次，保持地表潮湿，以利出苗。

苗木出齐后要及时灌水。5～6 月是苗木生长的关键时期，北方春旱时需灌水 2～3 次，追施氮肥 1～2 次，并及时除草。砧苗生长期间可进行叶面喷肥，用 0.5％的尿素或磷酸二氢钾水溶液喷布叶面。晚秋应注意防治浮尘子产卵，严寒地区冬季要及时培土防寒。

发达国家育苗多为株距 30 cm、行距 100～200 cm，便于行间机耕除草和生产大苗。如美国核桃嫁接苗的高度达 3 m 以上，地径在 3 cm 以上，采用大苗建园，园貌整齐。随着我国核桃砧木品种的广泛应用，嫁接苗生产必将逐步与国际接轨，须制定新的育苗技术规范和苗木标准。

三、砧木苗管理

为了培育生长健壮、根系发达的苗木，必须加强苗期管理工作。

①检查种芽，如因覆盖地膜阻碍种芽生长，应及时扎孔引芽出膜，防止幼芽生长歪曲和发生高温烫伤。

②砧木苗大量出土时，发现缺苗应随即补种。

③砧苗出土前，如土壤不过于干燥则不宜灌水，以免地面板结影响出苗。5～6 月是苗木快速生长时期，应结合施氮肥灌水 2～3 次，每次的尿素使用量为 225 kg/hm²。7～8 月，为促使苗木充实，增加木质化程度，以提高越冬能力，可施 1～2 次磷钾肥，施肥量为 225 kg/hm²。

④及时中耕除草，疏松土壤，以减少土壤水分蒸发，防止土壤板结，增加土壤透气性，促进苗木正常生长。

⑤及时防治金龟子、蚜虫、大青叶蝉等害虫和核桃黑斑病、白粉病、轮纹病等病害。

第三节　采穗圃的建立和管理

一、圃地的选择、采穗株的栽植和管理

采穗圃是繁殖优质接穗的基地，对良种化和规范化建园有重要影响。采穗圃应选建在气候温暖、土壤肥沃、排灌条件良好、交通便利和邻近核桃园的地点。

采穗圃以生产品种纯正、枝芽健壮、无病虫害的优质接穗为目的。建圃前必须细致整地，施足基肥。采穗用品种必须来源准确可靠，如用几个品种建圃，应按设计图分品种排列定植，栽后绘制定植图存档。采穗圃的定植株距为 1.0～1.5 m，行距为 1.5～2.0 m。树形可采用开心形、圆头形或自然形。要求行向光照良好，植株生长健壮。

生长期注意肥水管理，防治病虫害，夏季修剪，调控长势。以 1 年采穗 1次为宜，每年采穗 2 次以上将削弱树势和枝势，降低枝芽质量。现将甘肃陇南市和云南楚雄州建立核桃和泡核桃采穗圃的方法和经验简介于后，仅供参考。

二、核桃采穗圃的建立和管理

甘肃陇南市核桃研究所 2006 年建立了 3 hm^2 良种核桃采穗园，并实施相应的管理技术，取得了较好的效果。定植后第 2 年优质接穗产量为 4.5 万条/hm^2，有效接芽 27 万个/hm^2。2 年以后优质接穗产量为 15 万～22.5 万条/hm^2，有效接芽 90 万～135 万个/hm^2。主要措施如下：

1. 圃地选择和土壤整理

沙壤或中壤，土层厚度＞100 cm，肥力较高，pH 中性或微碱性，排灌条件良好，未栽过杨树、柳树、槐树和核桃树。按规划行向挖深 80 cm、宽60 cm 的栽植沟，表土与心土分开放置，施腐熟鸡粪或羊粪 9 t/hm^2、磷酸二铵 750 kg/hm^2、硫酸亚铁 750 kg/hm^2，与表土充分混合后填入栽植沟内，覆土距地面 20 cm 后灌透水，水渗后覆土保墒。

2. 品种选择和栽植密度

所选品种为省级以上林木品种审定委员会审(认)定、适于当地发展的纯正优良品种或品系。采穗品种苗木应接口愈合良好、根系发达、无病虫害和

机械损伤，苗木选择高度>80 cm、地径>1.0 cm的嫁接苗。株行距为(0.5~1.0)m×(1.0~1.5)m。

3. 苗木整理和定植苗管理

剪除伤根、烂根和过长的主侧根后，用ABT 6号生根粉1 g加水20~33 kg的溶液蘸根30 s。定植后及时灌足水，水渗表土略干后再灌水1次。苗木成活率为98.0%，翌年幼树保存率为95.0%。

4. 采穗圃管理

①每年灌水3~5次。春季和夏季增施肥水，秋季控肥控水。

②肥料以腐熟鸡、羊粪等有机肥为主，追肥以磷酸二铵复合肥为主。

③保持圃内无杂草，土壤疏松。

④采穗树形采用圆头形整形，留橛式修剪。每株选留3~5个骨干枝，其余疏除。定植后2~3年春季萌芽前，每主枝留2~3芽重剪，促发壮枝。

⑤防治病虫。冬前树干涂白，行间耕翻，清扫落叶。早春喷布3~5°Bé石硫合剂1~2次。6~7月视需要每隔15 d左右喷布1:1:100倍式波尔多液，或其他有针对性的高效低毒杀菌剂。

5. 接穗采集

(1)芽接用接穗

①5月中、下旬对长度达50 cm以上的新梢施行摘心，5 d后留基部2~3芽剪取接穗，供5月中、下旬至6月上旬芽接使用。

②对5月中、下旬剪留2~3芽抽生的30~50 cm新梢摘心，5 d后再留2~3芽剪取接穗，供6月中、下旬芽接使用。

③6月上旬剪留2~3芽后又萌生1~2枝，长度达30~50 cm时摘心，5 d后剪取接穗，用于未成活株补接或8月"闷芽接"。

(2)枝接用接穗

①宜在秋季落叶后至翌春2月采集。在春季易抽条失水和冻害地区应在11~12月采集。

②接穗选生长健壮、芽体饱满、无病虫害、髓心细小、木质化程度高、直径1.2~1.5 cm的1年生发育枝。

③剪取的穗条留2~3芽剪成接穗，去掉盲芽和不充实部分，两端剪口蜡封，按品种捆成捆并挂标签，湿沙冷藏或恒温藏备用。

6. 建立档案

内容包括建圃时间、面积、品种、密度、定植图、种植数量、苗木来源、管理计划、管理技术、工作总结等。

三、泡核桃采穗圃的建立和管理

云南楚雄州林业科学研究所 2005 年进行了大姚核桃良种采穗圃（约 1.3 hm²）营建技术研究。他们从优良母树选择、测定、采穗圃设计、栽植密度、接穗采集、嫁接、修剪等方面进行了科学细致的操作和调查，取得了成功的经验，为推动和促进该地区核桃优良品种推广和生产优质苗木提供了技术支持。主要经验是：

①采穗母株必须是纯正的大姚核桃，树龄为 20～50 年，单株产量较高且稳产，无病虫害。

②采穗母树的测定，内容包括立地环境、树体类型、单株产量、坚果品质等，并且拍照建立档案。

③采穗圃的设计，包括：栽植密度为株行距 1m×1m，栽植穴规格为长、宽、深各 60cm，每穴施农家肥 30 kg，栽后每株环状施入 0.3 kg 核桃专用肥，最后灌水盖膜。定植第 2 年嫁接大姚核桃。

④采穗圃管理主要有：

a. 栽后当年根据墒情 10～15 d 灌水 1 次，雨季施核桃专用肥 1 次。栽后第 2 年起灌水间隔时间为 20 d，中耕除草 2 次，6～8 月各施追肥 1 次，每株 0.3～0.5 kg。

b. 休眠期对 1 年生枝保留 2～3 芽短截，促进分枝和树体生长。

c. 采集接穗要求接穗长度为 25 cm 左右，保留 3 个以上饱满芽。2006 年栽植的嫁接苗，2008 年平均株产接穗 7 条，每公顷产接穗 7 万条，2009 年分别为 1 414 条/株和 14.4 万条/hm²。

第四节　提高嫁接成活率

一、砧穗愈合及成活

砧穗接口愈合是嫁接成活的首要条件，嫁接能否成活取决于砧穗双方能否产生愈伤组织。接穗愈伤组织出现较早，但是较早停止分化增殖；砧木的愈伤组织虽然形成时间比接穗稍晚，但能不断分化。如果没有砧木愈伤细胞的连续分化并与接穗愈伤细胞嵌合，接穗愈伤组织就会萎蔫死亡，导致嫁接不能成活。双方产生的愈伤组织嵌接后，双方胞间连丝沟通营养物质，继而分化形成二者间新的输导系统，达到砧穗双方愈合成活，成为新的独立植株(图 6-3)。

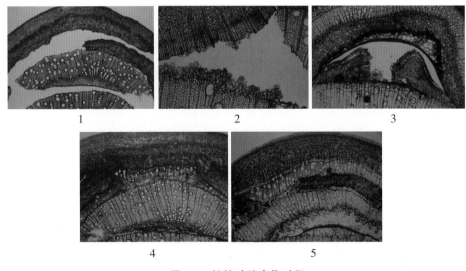

图6-3　枝接砧穗愈伤过程

（引自《中国核桃》）

1. 嫁接初始未分化愈伤细胞；2. 砧木产生较多的愈伤细胞；3. 砧穗愈伤组织靠近；
4. 砧穗愈伤组织嵌合；5. 砧穗愈合成活

二、砧木选用与接穗采集

砧木生长势的强弱，直接影响嫁接的成活率和嫁接苗质量。一般选择2年生健壮核桃实生苗做砧木，要求嫁接时砧木地上5 cm处的粗度达0.8 cm以上，枝条充实，无病虫害。

芽接接穗于5月下旬至6月初选枝条基本木质化、芽体饱满健壮的发育枝作为芽接接穗。接穗宜随采随用，采后立即剪掉复叶，保留长约1 cm的叶柄，以减少水分蒸发。并将接穗剪口向下竖立于装有清水的桶内，边接边用。如需长途运输接穗，需剪掉复叶后分品种打捆并系品种标签，每100根1捆。为防止长途运输中枝条互相摩擦，可在穗条之间夹隔一些叶片，并用湿麻片包好后方可起运。运输途中应注意及时洒水，保持穗条湿润（冷藏车运输可不洒水）。到达目的地后及时解捆、剔除间隔叶片，把穗条平放于地窖或土窑洞中，有条件时可竖立于清水中，水深以刚刚浸有剪口以上1 cm为宜，温度控制在15℃以下。这样穗条可保存2～3 d，冷库内低温高湿可保存较长时间。

枝接接穗的采集时间从落叶后到芽萌动前都可进行。但因各地气候条件不同，具体采集时间有所不同。北方核桃幼树抽条现象严重的地区和冬季易受冻害的地区，以秋末冬初（11～12月）采集接穗为宜。冬春抽条和冻害轻微地区或采穗母树为成龄树时，可在春季芽萌动前 1 个月左右采集。接穗采后及时蜡封剪口，母树剪口用漆封严。核桃接穗贮存的最适温度为 0～5℃，不超过 8℃，可放在地窖、窑洞、冷库等地方，并要保湿防霉。

采用大粒种子春季播种育砧，若肥水管理得当，当年 8～9 月达到芽接粗度时可进行闷芽接，接芽当年不萌发。第 2 年春季剪砧，秋季可长成高度为 1 m 以上的大苗。

三、影响嫁接成活的因子

(1)气温

温度是影响愈伤组织形成的重要因素。低于 20℃时不能形成愈伤组织，20℃以上时愈伤组织量开始增多，23～28℃时接口愈合最快，成活率高。超过 30℃时愈伤组织形成量显著下降。

(2)降雨

连续阴雨可明显降低气温并增加接口伤流，影响愈伤组织形成和嫁接成活，故应尽量避开阴雨天嫁接。

(3)光照

天气晴朗，光照充足，温度适宜，有利于愈伤组织增生，形成层细胞分裂活动加快，嫁接成活率较高。

(4)伤流

砧木接口伤流多，易造成接口伤流液浸泡缺氧，不利于愈伤。

(5)接穗保鲜

接穗剪截后保持新鲜度，不失水或少失水，芽子不萌动，是提高嫁接成活率的重要条件。

四、嫁接方法

1. 方块形芽接

苗圃露地芽接是当前应用广泛的嫁接方法。特点是操作简易、工作效率和成活率高、成本低廉，也可用于枝接未成活苗补接，适于大规模育苗。我国北方核桃芽接多在 5 月下旬至 6 月进行，接穗选择树冠外围中上部发育充实的当年生健壮发育枝，芽接方法多采用方块形芽接法，也可用 T 形芽接法。

方块形芽接法是在砧木距地面 5～10 cm 处，选光滑面用嫁接刀切长 2.5～3 cm、宽度视接穗粗细而定的长方形切口，深达木质部(勿切入木质部)，然后用刀揭开砧皮(图 6-4)。在接穗上用刀切取与砧木切口同样大小的芽片，芽片从接穗上剥离时，要侧向推离，以保护芽内的形成层和维管束(护芽肉），然后将接芽片迅速嵌入砧木切口，要求砧穗切口上下的形成层密接，再根据接芽片宽度撕去多余的砧皮，并将接芽按平，用塑料条或胶带绑严。芽接成活后10～15 d去除绑缚物。图6-5所示是方块形芽接的实际操作过程。

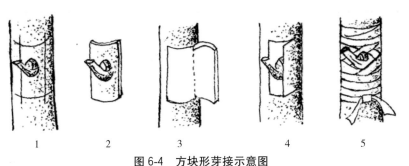

图6-4　方块形芽接示意图

1、2.切取接芽片；3.砧木割口掀皮；4.接芽嵌入砧木切口；5.绑缚

图6-5　方块形芽接步骤

2.T形芽接

T形芽接法是从接穗上削取剥离盾形芽片，随即插入砧木事先切割成的

T 形切口内，要求接芽顶部与砧木 T 形上切口密接，然后用胶布或塑料条绑严(图 6-6)。

北方适于芽接的时间较短，过早芽接穗条和接芽利用率低，过晚虽可用接芽多，但适于芽接时间短。各地经验认为，核桃芽接时间以 5 月下旬至 7 月中旬为宜，芽接方法以方块形芽接法应用广泛。若此时段砧苗未达到芽接粗度，可在 7 月中旬到 8 月上旬进行补芽接，接芽当年不萌发(闷芽接苗、半成品苗)，翌年春季剪砧后生长迅速。

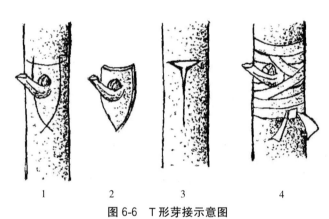

图 6-6 T 形芽接示意图

1、2. 削取芽片；3. 砧木切接口；4. 插芽绑缚

3. 插皮舌接

插皮舌接是核桃休眠期枝接育苗的主要方法，也是室内枝接的常用方法。砧木选用 1～2 年生健壮实生苗(根颈以上粗 1～2 cm)。起苗后于根颈以上 10～15 cm 平滑顺直处剪断，并剪去劈裂和冗长的根。选用与砧木粗细相近的穗条，剪成 12～15 cm 长、保留 2 个饱满芽的穗作为接穗。将砧木和接穗各削成 5～8 cm 长的大斜面，并在斜面上 1/3 处用嫁接刀向下直切深 2～3 cm 的切口。然后砧木和接穗对准，切口互相插合，要对齐形成层。砧穗粗度不一致时，要求对齐一边的形成层，最后捆紧绑严(图 6-7)。在 90℃ 的蜂蜡液中速蘸后密封接口，蜡液的成分及比例为蜂蜡∶凡士林∶猪油＝6∶1∶1。为了控制蜡温和保证砧穗安全，可在桶底部先放入 5 cm 深的水，再放入蜂蜡，水溶加温熔蜡。

为避免因砧穗切削后放置时间过长而影响成活，可先把砧木和接穗按粗度分级，配对切削嫁接。嫁接完成后立即定植或栽在温室或温床内促进愈合后再移栽到苗圃中。

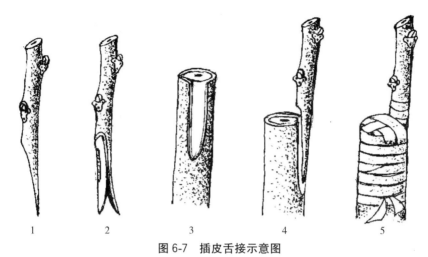

图 6-7　插皮舌接示意图

1. 削接穗；2. 捏开皮层；3. 削砧木；4. 插接穗；5. 绑缚

1990—1993 年，山西省林业科学研究所对砧苗木根系用 50×10^{-6} 浓度的 ABT 生根粉溶液进行浸泡处理，对砧木根系、砧穗愈合、苗木发育均有良好效果。每克生根粉可处理苗木 2 000～3 000 株。处理后将枝接体栽植于塑料小拱棚内，促进接口愈合。棚内栽植方式可用双行三角形定植（图 6-8），株行距为 30cm×40cm×60cm（宽窄行），栽后覆土浇水，用塑料小拱棚和地膜覆盖，有利于提高枝接成活率（表 6-1）。

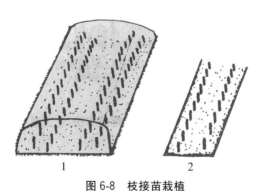

图 6-8　枝接苗栽植

1. 温室内栽植；2. 苗圃覆膜栽植

北京市门头沟核桃试验站采用双舌枝接电热温床促进接口愈合，取得了良好的效果。温床设在玻璃温室中，土厚 50 cm，底铺电热丝，上铺一层塑料布，再放 5～10 cm 厚的湿锯末。将枝接苗平铺于温床中，上盖湿锯末，枝接苗与湿锯末相间放 2～3 层苗木。锯末用甲基托布津或百菌清 800～1 000 倍液消毒，锯末含水量为 50％左右。床温维持 25～30℃，愈合时间 20 d 左右，愈合率为 90％。移植大田后用湿土将苗木全部埋严，苗木发芽后自行出土或人工助苗出土，移栽成活率可达 85％。

表 6-1 不同保护方式对核桃枝接成活率的影响(1992 年)

保护方法	栽植株数/株	成活株数/株	成活率/％
塑料拱棚	830	721	86.9
地膜	805	674	83.7
灰渣	833	458	55.0
对照	800	471	58.9

注:引自王贵等的《核桃新品种优质高产栽培技术》。

双舌枝接也可用于苗圃坐地苗嫁接。嫁接时采用断根或切割放水等措施，以减少伤流量，接穗和接后用蜡封严接口(接穗提前蜡封)。

第五节 嫁接苗的管理

嫁接成活率及苗木质量不仅与嫁接技术有关，而且与嫁接后的管理有密切关系。

一、芽接苗的管理

①检查成活和补接。芽接后 15 d 左右应检查芽接苗成活情况，嫁接未成活的苗木，应及时补接。

②剪砧。芽接后 7～10 d，对已成活的芽接苗剪掉接芽以上的砧木，有利于接芽快速生长。宜在接芽上部 2 cm 左右处在接芽背方倾斜剪断，避免滞留雨水，有利于剪口愈合(图 6-9)。核桃枝条髓心较大，不宜留桩过短。由于水分蒸发量大会影响新梢生长，当新梢长到 30 cm 左右时减去接芽以上的干桩。7 月中旬到 8 月上旬嫁接的苗木可不剪砧，接芽当年不萌发。

③除萌。嫁接苗成活后应及时去除砧木发出的大量萌蘖，以减少养分消耗，促进接芽生长。

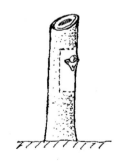

图 6-9 剪截砧木

④解除绑缚物。接芽生长到 5 cm 以上时，应及时解除绑缚物。

⑤去幼果。嫁接为早实品种者，当年新梢上易开花结果。为保证苗木生长，应及时去除花序和幼果。

⑥摘心。苗木生长高度超过 1 m 时，为提高苗木的充实度和耐寒力，可在 8 月底至 9 月上旬摘去顶端的幼嫩部分，以提高嫁接苗的质量。过早摘心易刺激副梢萌出而消耗养分。

⑦肥水管理和病虫防治。嫁接后 20 d 内禁忌灌水施肥，以避免伤流过多而不利于接口愈合和苗木生长。新梢长到 10 cm 以上时应根据需要适当浇水施肥和中耕除草。秋季应控制浇水和施氮肥，适当增施磷钾肥。8 月中旬进行苗木摘心，增强木质化程度。注意及时检查并防治叶部和根部的病虫害。秋冬季严寒地区，应在 11～12 月埋土防寒防冻，安全越冬。

二、枝接苗的管理

①剪除萌蘖。嫁接后砧木上易发出大量萌蘖，影响接芽生长，应及时去除。

②及时解绑。砧穗接口愈合完成后，砧穗加粗生长较快，为保证砧穗正常生长要及时解绑。

③去幼果。早实品种嫁接后新梢上极易成花结果，应及时去除花序和幼果。

④摘心。当苗木生长高度超过 1 m 时，应在 8 月底摘心，以利枝条充实，提高嫁接苗质量。但摘心过早易刺激副梢萌发，消耗养分。

⑤肥水管理和病虫害防治。为防止伤流过多而影响成活率，嫁接后 20d 内禁忌灌水施肥。新梢长到 10 cm 以上时应及时浇水施肥和中耕除草。秋季应控制浇水和施氮肥，适当增施磷钾肥，并于 8 月中旬摘心，可以增强苗木粗度和木质化程度。要及时防治病虫害。

第六节　起苗、包装和运输

中国北方核桃苗圃内越冬的苗木抽条现象严重的地区，应在秋季落叶后及时出圃假植。留床苗要根据具体情况采取防止抽条的措施，确保安全越冬。

核桃苗木垂直根入土较深，侧根较少而细，起苗时根系容易受损，且伤口愈合能力较差。为保证苗木根系完好，宜在起苗前 1 周灌 1 次透水，然后按预定的深度和宽度起苗（图 6-10）。

图 6-10　机械起苗　　　　　　　图 6-11　苗木根系保湿

嫁接苗要求嫁接高度适宜，接口愈合牢固，接口上下的苗茎粗度相近，苗茎顺直，充分木质化，无抽梢、机械损伤等，保证建园苗木的质量。

外运嫁接苗每 20 或 30 株打成 1 捆，按品种分别包装（图 6-11），然后装入湿草袋内，并挂牢标签，注明品种名称、等级、数量、产地、起苗时期、责任人等。苗木外运宜在晚秋和早春气温较低时进行，长途运输时要加篷布，途中要及时喷水，防止苗木干燥、发热。到达目的地后，马上将捆打开核对标签后进行假植。

起苗后不能立即外运或栽植时，必须进行假植。根据假植时间的长短分为临时假植和越冬假植。临时假植一般不超过 10d，只要用湿土埋严根系即可，枝叶用苫布覆盖，干燥时洒水。越冬假植时间较长时，应挖沟假植。通常选择地势高燥、排水良好的地方，挖深 1 m、宽 1.5 m、长度依苗木数量而定的假植沟。然后将苗木呈 30°～45°斜放成排排放，排间充满湿土，最后埋土露梢灌水沉土。土壤封冻前将苗梢全部埋土，春天转暖以后及时检查，以防霉烂。

第七节　苗木分级

嫁接苗木分级是保证苗木质量、分级使用和规范建园的重要措施。各地主管部门和专业苗圃都有相应的苗木分级标准和规范，必须严格执行，以对用户负责。优质苗木要求苗木根系完整，主根无劈裂，侧根量多，无病虫害（图 6-12）。苗茎通直，接口愈合良好，根茎以上 1.5 cm 处直径达 1.0～2.0 cm，无病虫害和抽梢现象。兹将国家核桃嫁接苗质量等级标准和河北省苗木分级标准分列于表 6-2 和表 6-3 中，供参考使用。

图 6-12　优质嫁接苗木的根系

表 6-2　核桃嫁接苗质量等级（GB7907－87）

项目	一级苗	二级苗
苗高/cm	≥100	60～100
基径/cm	≥1.5	1.2～1.5
主根保留长度/cm	≥25	20～25
侧根长度/cm	≥20	15～20
侧根条数/条	≥15	15～20
病虫害	无	
接口愈合情况	接口结合牢固，愈合良好	

表 6-3　河北省核桃嫁接苗质量等级（DB11/T 434－2007）

项目	特级苗	一级苗	二级苗
苗高/cm	≥100	60～100	30～60
基径/cm	≥1.5	1.2～1.5	1.0～1.2
主根保留长度/cm	≥25	20～25	15～20
侧根长度/cm	≥20	15～20	10～15
侧根条数/条	≥15	15～20	10～15
病虫害	无		
接口愈合情况	接口结合牢固，愈合良好		

参 考 文 献

[1] 辛国，张建德.核桃良种高密度采穗圃快速营建技术［C］.北京：中国林业出版社，2013（8）：141-144

[2] 王贵，王建义，贺奇，等.晋RS-1系核桃砧木的选育研究［J］.山西林业科技，2011，40（4）.

[3] Roy C，Romand Robert，Carlson F. Rootstocks for fruit crops［M］.USA，1987.

第七章 优质、丰产、高效、安全栽培技术

优质、丰产、高效是核桃产业发展的目的。随着我国人民生活水平的逐步提高，人们对果品安全的要求意识越来越强，大力发展果品优质、安全生产已成为全局性、战略性的重要任务。这是人民生活质量提高的迫切需要，也是进一步调整农业产业结构、发展高效农业、增强市场竞争力的必然选择。近年来，我国核桃产业发展很快，管理技术不断更新，产量和品质不断提高，正在步入管理集约、技术规范、产品优质的新阶段。在建园标准、品种优化、区域发展及优质、丰产、高效、安全综合栽培技术方面，均有显著的提高，为中国核桃产业化和由生产大国走向效益强国提供了技术支撑和基础。

第一节 建园地点及品种选择

一、园地选择

建园前应对当地的气候、土壤、降水、自然灾害和附近核桃树的生长发育状况及以往出现的问题等进行全面的调查研究，为确定建园地点提供科学依据。

（1）海拔

核桃的适应性较强，在北纬 21°～44°、东经 75°～124°地区均有栽培。北方地区多栽培在海拔 1 000 m 以下，秦岭以南多生长在海拔 500～1 500 m 之间，云贵高原多生长在 1 500～2 000 m 之间，云南漾濞地区海拔 1 800～2 200 m 的地区为泡核桃的适生区，辽宁西南部适宜生长在海拔 500 m 以下的地区。

（2）温度

普通核桃在年平均温度 9～16℃、极端最低温度—25～—2℃、极端最高温度 38℃以下、有霜期 150 d 以下的条件下适宜生长。泡核桃适应亚热带气候，即年平均气温 12.7～16.9℃、最冷月平均气温 4～10℃、极端最低温度—5.8℃。我国地域广阔，生态条件差别很大，土壤类型多样。虽然核桃适应性广，但核桃对适生条件却有着比较严格的要求。超出适生范围虽能生存，但生长结实不良。

（3）地形

宜选择平地或南向、半阳背风、坡度在 10°以下的山丘缓坡地带，坡度超过 15°时应修筑水土保持工程。坡度超过 25°时不宜栽植核桃。

（4）土壤

核桃适宜在质地结构疏松、保水透气性好、土层厚度 1 m 以上的沙壤土和壤土上种植。黏重板结的土壤或过于瘠薄的沙地均不利于核桃的生长发育。核桃对土壤溶液氢离子浓度的适应范围是 pH 7.0～8.0，在中性或微碱性土壤上生长最佳。深纹核桃的适宜土壤为 pH 5.5～7.0。土壤含盐量宜在 0.25% 以下，含盐量过高将导致树体变弱或死亡，氯化盐比硫酸盐为害更大。核桃喜钙，在石灰质土壤上生长良好。

（5）排水和灌水

建园地点要有灌溉水源，排灌系统畅通，特别是早实核桃的密植园应达到旱能灌、涝能排的要求。核桃较耐空气干燥，但对土壤的水分状况比较敏感。土壤干旱有碍根系的吸收和地上部的蒸腾，干扰正常的新陈代谢，严重时可造成落花落果乃至叶片凋萎。土壤水分过多或长时间积水时，由于通气不良会使根系呼吸受阻，严重时可导致根系窒息、腐烂，影响地上部的生长发育，甚至导致死亡。因此，山地核桃园需设置水土保持工程，以涵养水分。平地则应解决排水问题，核桃园的地下水位应在地表 2 m 以下。

（6）立地环境

建园地点应无环境污染，尽量避免工业废气、污水及过多有害灰尘等的不良影响，符合农产品安全质量无公害水果的产地环境要求。

（7）迹地和重茬

在柳树、杨树、槐树生长过的迹地栽植核桃易染根腐，应进行土壤杀菌处理。老核桃园伐后继续种植核桃时，易因重茬造成生长结果不良。河北省农林科学院石家庄果树研究所从 1998 年开始研究果园重茬的不利影响和应对措施，证明采用以下 2 种方法可以减轻重茬病为害：

①刨掉核桃树后连续种植 2～3 年禾本科农作物（小麦、玉米等），对消除重茬的不良影响有较好的效果。

②必须重茬种植核桃时，可挖大定植穴（1 m 见方）彻底清除残根，晾坑

3~5个月，于第2年春季定植2~3年大龄嫁接苗。但定植穴必须与旧坑错开填入客土，并加强幼树的肥培管理，提高幼树的自身抗性。

二、品种选择及配置

云南省民间早就有深纹核桃嫁接育苗的经验，20世纪开始大面积推广嫁接优良品种，其他地区栽培的核桃大部分仍多为实生繁殖。进入21世纪，嫁接技术和成活率逐渐成熟稳定，品种化进程加快。建园选用品种时，除应注意具有良好的商品性状外，还要看其对区域的适应能力。从外地引入品种前，需在了解该品种的特性和对建园地的土壤、肥力、气候等条件的适应能力之后，才能因地制宜地引种适宜品种。

我国推广的优良品种分为早实、晚实2个生长结果习性和适应性不同的类群。建园前应根据立地条件及管理水平等慎重确定选用品种。立地条件较好、管理水平较高的可选用早实核桃品种，进行集约化栽培管理。否则应采用抗逆性和适应性较强的晚实核桃品种。

为了提供良好的授粉条件，需配置授粉品种。每4~5行主栽品种，需配置1行授粉品种。坡地梯田栽植时，可根据梯田面的宽度，配置一定比例的授粉树。原则上主栽品种与授粉品种的比例以8:1为宜。花期多风地区，授粉树应配置在梯田上部和上风地段。没有配置授粉树或配置不合理时，不仅影响产量，坚果质量也较差。

第二节　建立果园

我国核桃的栽培方式主要有3种：第1种是园片式栽植，为纯核桃园，是近年来规模发展较多的形式，面积规模不等，有利于规模发展和进行集约化经营，单位面积产量较高；第2种是间作式栽培，即核桃与农作物或其他果树、药用植物等长期间作，可提高单位面积土地收益；第3种是利用滩地、沟边、路旁或庭院等闲散土地零散栽植。建立规范和效益良好的核桃园，应做好以下几方面工作：

一、土壤改良

1. 土壤理化性能的改良

①沙荒地和黏土地改良。沙地可利用下层黏土层深翻压沙，也可进行客

土压沙或放淤压沙；黏土地则可客沙压黏或引洪漫沙，以改良土壤质地。沙石滩则需客土栽树和种植绿肥，增加土壤有机质。此外，要营造防风固沙林或"沙障"，以防风固沙、减少风沙为害。

②盐碱土改良。采用灌水压盐或排水洗盐，降低土壤含盐量。也可在栽树以前，先种1年或数年耐盐碱植物，以生物排盐法降低土壤中的盐碱浓度。常用的耐盐植物有沙黎、碱蓬、高秆菠菜、猪毛菜、田菁、苕子、苜蓿等。营造防风林，改善小气候，减少蒸发量，有利于防治土壤盐渍化。土壤深翻熟化，增施有机肥，可改良土壤结构，促进核桃树生长，增强抗盐力。采用"沟渠台田""低畦"（低于地面5～10 cm)或"高埂躲盐"等措施，也可降低核桃根际附近土壤的含盐量。

2. 水土保持的措施

①在坡度较大、不宜栽植核桃树的地段，可在山坡上部种植用材林、护坡林或水源涵养林，以减少地表径流和保持水土。并在核桃园的上部挖拦水沟，引入总排水沟和泄洪沟。

②建造梯田、撩壕、鱼鳞坑等水保工程。通过截断坡面，缩小集流面积，来减少地表径流量，降低流速，保持水土。

③等高栽植和等高耕作。在坡度不大、地形平缓的地方建立核桃园，树的行向应沿等高线设置，耕作也按等高线操作，以达到防止水土流失的目的。

3. 土地整理

核桃具有强大的主根和分布较广的水平根，要求土层深厚、肥沃、含水量较高。因此，无论山地或平地栽植，均应在建园前进行土地平整、土壤熟化和增加肥力的准备工作。山坡地建园应先修梯田后栽树。如果暂时无法修成梯田，也可先按等高栽植，修培地埂，逐年修成梯田。地形较复杂的地方，可先修鱼鳞坑，逐步扩大树盘，修成复式梯田。平地和沙地核桃园应在划分小区的基础上，完成土壤改良和土地平整工作，并做好防碱防涝等工作。

二、定植前的准备

①定植点测量。定植前根据规划的栽植密度和栽植方式，按株、行距测量定植点，按点定植。

②定植穴准备。栽植穴的直径和深度应不少于0.8～1.0 m。如果土壤黏重或下层为石砾或不透水层，应加大、加深定植穴，打通不透水层。并通过客土、增肥、填草皮土或表层土等办法，改良土壤，促进根际土壤熟化，为根系生长发育创造良好条件。定植穴最好是夏挖秋栽或秋挖春栽，使土壤经过晾晒，充分熟化，积存雨雪，以利于根系生长。干旱缺水的核桃园蒸发量

大，应边挖边栽以利保墒，可提高栽植成活率。

③苗木准备。核桃苗木定植以前，应将苗木的伤根和烂根剪除，然后用泥浆蘸根保湿。为避免苗木品种混乱，栽植前将苗木按品种配置计划分放到定植穴边，并用湿土将根埋好待栽。苗木应按质量分级栽植，以便于管理。

三、栽植密度

核桃的栽植密度应根据立地条件、栽培品种和管理水平而定。在土层深厚、土质良好、肥力较高的地区，株、行距应大些，如晚实核桃可采用5m×7m或6m×8m的密度栽植；在土层较薄、土质较差、肥力较低的山丘地，株、行距宜小些，以4m×6m或5m×7m的密度为宜。对以种植作物为主、实行果粮间作的果园，株、行距应加大到7m×14m或7m×20m。山坡地栽植方式依梯田宽度而定，田面较窄可只栽1行，田面宽度大于20 m的可栽2行，株距为5～8 m。早实型核桃树体较小，株、行距可采用3m×5m或4m×6m。不分品种、不看条件地盲目追求密植，后果不良，教训深刻。

四、栽植时期和方法

核桃的栽植时期分为春栽和秋栽。在北方冬季严寒、冻土层较深、冬春多风的地区，为防止抽条和冻害，以春栽为宜。春栽宜早不宜迟，否则墒情不好，对缓苗不利。秋栽应采取幼树安全越冬措施。栽树时应先填入表土，再将心土与有机肥混合后填入，边填边踏实。填土离地面约30 cm时，踏实并覆一层底土，填土后浇透水，水渗后栽树，使根系不直接与肥料接触。

栽树时接口朝向主要有害风的方向，根系舒展向四周均匀分布；填土时，边填边踏边提苗，以便根系与土紧密接触。培土到与地面相平时踏实，做出树盘，充分灌水，待水渗后用土封墒。1周后再浇1次水，然后用地膜覆盖树盘，减少土壤水分蒸发，以利苗木成活，缩短缓苗期。

五、栽植后的管理

为了确保幼树健壮生长，必须加强幼树栽后管理：

①成活情况检查及补植。春季萌芽展叶后及时检查成活情况，对未成活株及时补栽。

②幼树定干。达到定干高度的幼树，萌芽后及时定干。

③幼树防寒。核桃幼树嫩枝髓心大、水分多、抗寒性差，在北方风大寒

冷的地区容易遭受冻害或造成枝条干枯(抽条),因此,在定植后1～2年内,要根据当地的气候情况,进行幼树防寒和防抽条工作。常用的方法是:于冬季土壤封冻前把幼树轻轻弯倒,使顶部接触地面,然后用土埋好,埋土厚度视各地气候条件而定,一般为20～40 cm。也可套直径为20～40 cm的塑料袋,内装湿土越冬,效果很好。第2年春季土壤解冻后及时撤去防寒土,并将幼树扶直。对于弯倒有困难的粗壮幼树,可采用培土、缠地膜或涂保护剂等方式进行越冬保护。常用的保护剂有2‰～3‰的聚乙烯醇,100～150倍的羧甲基纤维素和5～10倍的石蜡乳剂。涂抹凡士林对枝条有腐蚀作用,切忌使用。

第三节　幼龄树管理

定植后到初结果期间为幼龄期,在核桃树的生命周期中是奠定结实基础的重要阶段,管理水平的高低直接影响着树体的正常发育和树冠形成以及产量。为了保证树体的正常发育,促进幼树提早结实,为以后的丰产、稳产奠定良好的基础,加强对幼龄核桃园的管理是非常必要的。

一、整形修剪

整形与修剪是幼龄核桃园的重要技术管理措施。幼龄树生长较快,如果任其自然生长,不易形成具有丰产结构的良好树形。早实核桃具有分枝力强、结果早、易抽二次枝的特性,疏于管理容易造成树体结构紊乱、光照不良和结果外移等问题。为了培养丰产、稳产的树形和牢固的骨架,主枝和各级侧枝在树冠内部应合理分布,优化通风透光条件,以达到壮树、早结果和多结果,为丰产稳产打下良好基础。

1. 整形

整形是指在幼树树冠形成过程中通过修剪等措施,培养具有合理结构和有利于生长和结果的良好树形。

(1)树干(主干)培养

树干是指树体从根颈到第1个主枝基部之间的部分。树干的高低与树冠高度、通风透光、生长结实、栽培管理、间作方式等有密切关系。应根据品种特性、生长发育特点、栽培条件和栽培方式等而定。

①定干高度。因品种类型和栽培方式不同,定干高度有所区别。

晚实核桃幼龄期生长快、结果晚、树体高大,株、行距较大,可长期进行间作,定干高度为2.0 m以上。果材兼用园定干高度为3.0 m左右。

早实核桃结果早，树体较小，干高可矮一些，定干高度为 1.0～1.2 m，密植丰产园干高为 0.8 m 左右。

②定干方法。晚实核桃在定干高度的上方选留 1 个壮芽或健壮的枝条，作为第 1 主枝，并将其以下的枝芽全部剪除。如果幼树生长强旺，分枝时间延迟，为了控制干高，可在定干高度上方的适当部位短截，促使剪口芽萌发作为第 1 主枝。

早实核桃在正常情况下，2 年生开始分枝并开花结实，可在定植当年发芽后定干，并将定干高度以下的侧芽全部抹除。若幼树当年未达定干高度，翌年再行定干。遇有顶芽坏死时，可选留靠近顶芽的健壮侧芽代替，待达到定干高度以上时再行定干。

(2)培养树形

树体骨架结构是形成树形的基础。良好的树形应该是结构均衡合理、充分占有空间、最大限度地利用光能、有利于生长和结果，并具有足够的承载能力。树体结构由主干和主、侧枝所构成。培养树形主要靠选留主、侧枝和处理各级枝条的从属关系实现。

常用核桃树形有主干疏散分层形、开心形和自由纺锤形。在实际应用中，可根据品种特性、立地条件、栽植方式、管理水平选用合适的树形。早实核桃干性弱、枝条生长量较小，宜用开心形。晚实核桃干性强、枝条生长量较大，宜用主干疏散分层形或自由纺锤形。稀植时可用主干疏散分层形，密植时可用开心形；山地栽培土层较薄，肥力较低，生长势较弱，宜用开心形。平地及管理水平较高，生长势较强，宜用主干疏散分层形。具体应用时应因地、因品种制宜，做到"有形不死，无形不乱，因树修剪，随枝作形"。一些地区对幼龄树既不定干又不整形的放任不管的做法，是造成枝干紊乱，透光不良、结果晚、产量低、品质次、效益差的主要原因。

下面简单介绍疏散分层形、自由纺锤形和自然开心形的整形修剪方法。

①疏散分层形。该树形的主要特点是：有健壮明显的中心主干，其上分 2～3 层，着生 5～7 个主枝，每主枝分年选留 2～3 个侧枝，培养成树体较大、层间明显、透光良好的半圆形树形。适用于立地条件和管理水平较高的果园（图 7-1）。

②自由纺锤形。该树形的结构特点是：树干高度为 80～100 cm，树体高度为 3.5～4.0 m，中心主干永保优势地位，其上分年选留不分层次的 10～14 个小主枝，不分侧枝。小主枝上着生结果枝组，下部主枝略大于上部主枝，小主枝与中心主枝间保持在 85°～90°，以缓和树势，控制旺长，促进分枝，增多结果枝。适于中度密植栽培（图 7-2）。详见附录二。

图 7-1　疏散分层形

图 7-2　自由纺锤形

　　③自然开心形。主干高度为 1.0 m 左右，一般有 2～4 个主枝，无中心领导干。其特点是成形快，结果早，整形容易，便于掌握。适于立地条件较差和树姿开张的早实品种(图 7-3)。

图 7-3　自然开心形

2. 修剪

修剪是在整形的基础上继续培养丰产树形的重要措施，也是调节树体营养物质分配、解决营养生长和结果的矛盾的方法，目的是均衡树势、提早结果、增加产量。发达国家的核桃园已采用机械修剪（图7-4）。

图7-4　机械修剪（美国）

（1）修剪方法

①早实核桃。早实核桃幼树易抽生二次枝，促使结果部位外移，结果母枝后部光秃。由于分枝多，果枝率高，基部的隐芽萌发而形成徒长枝；容易造成树冠内部枝条密度大，不利于通风透光；背后枝生长旺，竞争力强，易形成"倒拉"造成原枝头变弱。因此除继续培养好主、侧枝以外，应注意控制二次枝、利用徒长枝、疏除过密枝和处理好背下枝。

②晚实核桃。晚实核桃幼树修剪除继续培养好树体骨架外，应通过修剪达到控制旺长、促进分枝、提早结果的目的。晚实核桃在结果之前，抽生的枝条均为发育枝，对发育枝适度短截是增加分枝的有效方法。短截的对象主要是侧枝抽生的生长旺盛的发育枝。为了保证主、侧枝枝头的正常生长、促进其他枝条的发育、避免养分的大量消耗，要在背后枝抽生的初期从基部剪除。

（2）修剪时期

核桃在休眠期修剪易产生伤流。为了避免伤流损失树体营养，修剪时期多在春季萌芽后（春剪）和采收后至落叶前（秋剪）进行。近年，河北农业大学、辽宁省经济林研究所、陕西省果树科学研究所等单位进行了核桃冬剪试验。结果表明，核桃冬剪不仅对生长和结果无不良影响，而且在新梢生长量、坐果率、树体主要营养水平等方面都优于春、秋季修剪。试验认为，休眠期修剪主要是导致水分和少量矿质营养的损失。从秋剪不利于叶片营养回流、春剪浪费贮藏的营养和新生枝芽来看，休眠期修剪的营养损失最少。近年在秦岭以南地区、陕西省及河北省涉县等地普及休眠期修剪中，均未发现明显的不良影响。因此，在提倡核桃休眠期修剪的同时，应尽可能在萌芽前结束修剪工作。

二、土肥水管理

核桃树每年的生长和结实需要从土壤中吸收大量的营养元素。幼树阶段生长旺盛而迅速，必须保证足够的养分供应，以免所需要营养元素得不到满足，造成营养失调，削弱生长发育，形成弱树和"小老树"。通过科学施肥和灌水，可以促进根系和树体发育，有利于花芽分化，配合修剪调节生长与结果的关系。

1. 土壤管理

①除草。有间作物的核桃园，应结合间种作物的管理及时除草；无间作核桃园根据杂草发生的情况，每年除草3～4次。核桃园采用的化学除草剂种类有：扑草净、阿特拉津、草甘膦等。辽宁省经济林研究所应用草甘膦在核桃园杂草大量发生的初期喷洒，对于禾本科杂草、蒿类、灰菜、马唐草、蓟菜、苦菜等灭草效果较好。

②松土。可用机械或畜力浅翻松土，每年夏季和秋季各进行1次，松土深度为10～15 cm。夏季可浅些，秋季稍深些。

2. 施肥

(1)科学施肥

我国多地核桃园土壤中的有机质含量较少，一般低于0.8%～0.9%。东北平原的土壤有机质含量最高，达2.5%～5.0%；华北平原土壤有机质平均含量低，为0.5%～0.8%。同时，土壤中所含的、生长结果必需的大量元素、微量元素不能满足果树正常生长发育的需求。

由于各地自然条件差异很大，土壤中累积和贮藏的养分数量很少，只能供应核桃生长发育需要的少量养分。要想获得优质、高产，就必须向土壤中投入一定数量的各种营养元素。因此，根据土壤和叶片营养元素测定的结果，进行测土施肥，是满足核桃生长发育需要的重要措施。

(2)施肥依据

①需肥特性。核桃植株高大，根系发达，寿命很长，需肥量(尤其是需氮量)要比其他果树大1～2倍。据法国和美国的研究结果，每产100 kg坚果要从土中带走纯氮1.456 kg，纯磷0.187 kg，纯钾0.47 kg，纯钙0.155 kg，纯镁0.039 kg，比生产100 kg梨所需的纯氮、磷、钾分别高225.55%、6.5%

和 4.44%，比每生产 100 kg 柑橘所需的纯氮、磷、钾分别高 144.17%、70.00% 和 17.5%。我国过去种核桃无施肥习惯，因而不能满足其生长发育、优质、丰产对营养的需要。我国对核桃叶片的分析表明，正常叶片含的主要元素为：氮 2.5%～3.25%，磷 0.12%～0.30%，钾 1.20%～3.00%，钙 1.25%～2.50%，镁 0.30%～1.00%，硫 170～400 mg/kg，锰 35～65 mg/kg，硼 44～212 mg/kg，锌 16～30 mg/kg，铜 4～20 mg/kg，钡 450～500 mg/kg。

②树相诊断。是指根据果树的外部形态表现来判断某些营养元素的盈亏，指导施肥。常见的核桃缺素症和毒害症的特征表现如下：

氮：是氨基酸、蛋白质的主要构成元素，又是叶绿素、核酸、酶及植物体内重要代谢有机化合物的组成成分。缺氮植株生长期开始叶色较浅，叶片稀少而小，叶子变黄，常提前落叶，新梢生长量降低，严重者植株顶部小枝死亡，产量明显下降。但在干旱和其他逆境下，也可能发生类似现象。

磷：是细胞核的主要构成元素，又是构成核酸、磷脂、酶和维生素的主要元素。缺磷时，树体衰弱，叶子稀疏，叶片比正常叶略小，并出现不规则的黄化和坏死，落叶提前。

钾：是多种酶的活化剂，在气孔运动中起重要作用。缺钾症状多表现在枝条中部叶片上，开始时叶片变灰白（类似缺氮），然后小叶叶缘呈波状内卷，叶背呈现淡灰色（青铜色），叶子和新梢生长量降低，坚果变小。

钙：是构成细胞壁的重要元素。缺钙时，根系短粗、弯曲，尖端不久褐变枯死。地上部首先表现在幼叶上，叶小、扭曲、叶缘变形，并经常出现斑点或坏死，严重的枝条枯死。

铁：主要与叶绿素的合成有关。缺铁时幼叶失绿，叶肉呈黄绿色，叶脉仍为绿色，严重缺铁时叶小而薄，呈黄白或乳白色，甚至发展成烧焦状和脱落。铁在树体内不易移动，因此最先表现缺铁症状的是新梢顶部的幼叶。

锌：是多种酶的组成元素，能促进生长素的形成。缺锌时，吲哚乙酸减少，生长受到抑制，表现为枝条顶端的芽萌芽期延迟，叶小而黄，呈丛生状，被称为"小叶病"。新梢细，节间短。严重时叶片从新梢基部向上逐渐脱落，枝条枯死，果实变小。

硼：能促进花粉发芽和花粉管生长，并与多种新陈代谢活动有关。缺硼时，树体生长迟缓，枝条纤细，节间变短，小叶呈不规则状，有时叶小呈萼片状。严重时顶端抽条死亡。硼过量可引起中毒。症状首先表现在叶尖，逐渐扩向叶缘，使叶组织坏死。严重时坏死部分扩大到叶内缘的叶脉之间，小叶的边缘上卷，呈烧焦状。

镁：是叶绿素的主要组成元素。缺镁时，叶绿素不能形成，表现出失绿症，首先在叶尖和两侧叶缘处出现黄化，并逐渐向叶柄基部延伸，留下 V 形绿色区，黄化部分逐渐枯死呈深棕色。

锰：作为酶的活化剂，锰直接参与光合、呼吸等生化反应，在叶绿素合成中起催化作用。缺锰时，表现有独特的退绿症状，失绿是在脉间从主脉向叶缘发展，退绿部分呈肋骨状，梢顶叶片仍为绿色。严重时，叶子变小，产量降低。

铜：与锌一样，铜是一些酶的组成成分，对氮代谢有重要影响。缺铜时，新梢顶端的叶子先失绿变黄，后出现烧焦状，枝条轻微皱缩，新梢顶部有深棕色小斑点。果实轻微变白，核仁严重皱缩。

③营养诊断。先进国家广泛采用营养诊断方法确定和调整果树施肥。营养诊断能及时和准确地反映树体内部的营养状况，不仅能查出肉眼见到的症状，分析出多种营养元素的不足或过剩，分辨2种不同元素引起的相似症状，而且能在症状出现前及早测知。因此，借助营养诊断可指导及时施入适宜的肥料种类和数量，保证果树的正常生长与结果。

营养诊断是按统一规定的标准方法测定叶片中矿质元素的含量，经过与叶分析的标准值（表7-1）比较，确定该元素的盈亏，再依据当地土壤养分状况、肥效指标及矿质元素间的相互作用，制订施肥方案和肥料配比。

表 7-1　7 月核桃叶片矿质元素含量标准值

元素		缺乏	适生范围	中毒
常量元素（干重）/%	氮	<2.1	2.2～3.2	
	磷		0.1～0.3	
	钾	<0.9	>1.2	
	钙		>1.0	
	镁		>0.3	
	钠			>0.1
	氯			>0.3
微量元素（干重）/(mg/kg)	硼	<20	36～200	>300
	铜		>4	
	锰		>20	
	锌	<18		

注：引自雷蒙斯的《核桃园经营》。

（3）肥料种类

①有机肥料。有机肥料是指含有较多有机质的肥料，又叫农家肥。主要包括粪尿类、堆沤肥类、秸秆肥类、绿肥、杂肥类、饼肥、腐殖酸类、海肥类、沼气肥等，这类肥料主要是在农村就地取材、就地积制、就地施用。

②化学肥料。又称无机肥料，简称化肥。常用的化肥分为氮肥、磷肥、

钾肥、复合肥料、微量元素肥料等。

（4）施肥原则

①符合《绿色食品肥料使用准则》的规定。

②有机肥料和无机肥料配合施用。有机肥料养分丰富，含有多种植物激素等，肥效时间长，可增加土壤有机质的含量。但肥效发挥较慢，不利于满足核桃在不同生育阶段的需肥要求。无机肥料养分含量高、浓度大、易溶解、肥效快，对核桃的生长发育有明显的促进作用。但无机肥料中的养分单一，长期施用会破坏土壤结构。有机肥料与无机肥料配合施用，可以取长补短、缓急相济，有利于及时和平衡供应核桃生长所需的养分。

③氮、磷、钾3要素配比合理，符合树体的需要和土壤条件。片面重视氮肥和磷肥而忽视钾肥，易造成产量低、品质差。不同化肥配合施用，可以充分发挥肥料之间的协助作用，提高肥料的能效。据调查，单施氮素利用率为35.3%，氮磷配比施用氮素利用率为51.7%。

④不同的施肥方法结合使用。施肥方法有基肥、根部追肥和根外追肥3种。基肥应占施肥总量的50%～80%。根部追肥具有简单易行而吸收利用快的特点，是生产中广为采用的方法。也可结合喷药，混入浓度适宜的尿素、磷酸二氢钾等化肥，既可防治病虫害，又可提高肥料利用效果。

（5）施肥量

果树的需肥量因树龄、树势、结果量及土质和土壤肥力不同而有差别。施入的肥料一部分分解挥发，一部分被雨水淋洗而流失，只有少部分被果树吸收利用。合理施肥量的确定应根据核桃每年从土壤中吸收各元素的总量，扣除土壤中可供给的量，同时考虑肥料的利用率。常用施肥量计算公式为：

$$施肥量=\frac{果树吸收元素总量-土壤供肥量}{肥料利用率}$$

据测定，核桃树每年吸收元素的总量为：形成1t木材，要从土壤中吸收磷0.3 kg、钾1.4 kg、钙4.6 kg。每生产1t核桃干果，要从土壤中吸取氮14.65 kg、磷1.87 kg、钾4.7 kg、钙1.55 kg、镁0.93 kg、锰31 g。

土壤供肥量一般氮素约为总含量的1/3，磷、钾约为总含量的1/2。

果树对肥料的利用率约为：氮50%，磷30%，钾40%，绿肥30%，圈肥、堆肥20%～30%。

由于施肥量受很多因素的限制，生产中很难确定统一的施肥标准。通常施肥量主要依据产量、肥料试验结果及经验等确定。核桃幼树参照施肥量如下：

①晚实核桃。结果前1～5年间，在土壤中等肥力条件下，每平方米冠幅面积年施肥量（有效成分）为：氮肥50 g，磷、钾肥各10 g。结果后6～10年，

适当增加施肥量，氮肥 50 g，磷、钾肥各 20 g，并增施有机肥 5 kg。

②早实核桃。为了确保树体生长与产量的同步增长，施肥量应高于晚实核桃。各地施肥经验为，1～10 年生，每平方米冠幅面积年施肥量为：氮肥 50 g，磷肥 20 g，钾肥 20 g，有机肥 5 kg。

（6）施肥时期

应根据核桃树年周期内不同物候期需肥特点和肥料的种类、性质，正确掌握施肥时期。

①基肥。基肥是供给核桃树全年生长发育的基础肥料，也是当年结果后恢复树势和翌年丰产的物质保证。基肥以早秋施为好。有条件的地方，可在采收后至落叶前完成，不但利于伤根愈合和新根形成与生长，也有利于肥料的养分分解和吸收。基肥与化肥混合施入，比单施有机肥效果更好。如果有机肥充足，可将全年化肥用量的 1/3～1/2 与有机肥配合施入。

②追肥。又叫补肥。在核桃需肥急迫的时期必须及时补充，才能满足核桃生长发育的需要。追肥在树体生长期进行，以速效性肥料为主。核桃树有以下几个追肥时期：

萌芽期或开花前（4 月上旬至中旬）：目的是促进开花坐果和新梢生长。此时应及时追施速效氮肥，追肥量为全年追肥量的 50％。

幼果发育期（6 月）：此期是幼果生长和膨大时期，以速效氮肥为主，与磷、钾肥配合施入。此次追肥是补充开花消耗的大量养分和满足幼果生长需要的营养，减少生理落果，提高坐果率，加速幼果生长。同时促进新梢生长和木质化以及花芽分化。追肥量占全年追肥量的 30％。

硬核期（7 月）：此期果实基本停长，坚果壳皮硬化，应以磷为主，钾、氮为辅。主要是供给核仁发育、坚果充实饱满、壳皮硬化和花芽分化所需的养分。此期追肥量占全年追肥量的 20％。

（7）施肥方法

①环状沟施肥。在树冠投影外缘开宽、深各为 40～60 cm 的环状沟，将表土与肥料混匀施入沟底，再覆心土。此法多用于幼树。环状沟的位置应每年随树冠的扩大外移。

②放射状沟施肥。以树干为中心，在距树干 80～100 cm 处挖 4～8 条放射状沟，沟内施肥。沟宽 30～60 cm、深 30～60 cm，长度视树冠的大小而定，一般为 1～2 m，沟的深度由内向外逐渐加深，宽度由内向外逐渐加宽，每年施肥沟的位置要变换方位。此法多用于成年大树。

③条沟施肥。在树冠投影外缘相对的两侧，分别挖宽、深各 30～60 cm 的平行沟，沟内施肥，第 2 年挖沟的位置应换到另外两侧。此法多用于幼树及密植园。

④穴状施肥。在树冠投影外缘挖深、宽各 30～40 cm 的穴，穴内施肥。挖穴数量根据树龄、冠径大小而定。此法多用于成龄树追肥。

⑤叶面喷肥。又叫根外追肥。是把肥料配成一定浓度的水溶液喷施于叶面上，以补充养分不足的追肥措施。具有用肥少、见效快、利用率高，避免某些元素被固定而不易被吸收的作用，并有可与多种农药混合喷施等优点，对缺水少肥的地区尤为实用。叶面喷肥的种类和浓度为：尿素 0.3%～0.5%，过磷酸钙 0.5%～1.0%，硫酸钾 0.2%～0.35%（或草木灰浸出液 1.0%），硼酸 0.1%～0.2%，钼酸铵 0.5%～1.0%，硫酸铜 0.3%～0.5%。喷肥宜在 10：00 以前和 16：00 以后进行，阴雨或大风天气不宜喷肥。注意根外追肥不能代替土壤施肥。

孙晓丽等认为，生态循环农业（生态农业）是农业经济增长的新方式。采用猪场－沼气－果园模式，是促进农业增产和农民增收的实用有效途径。河北武安市智寿源林牧有限公司 2007 年在以核桃生产为主业、发展养猪为辅业的模式中，通过沼气工程能源再利用，实现种植业与养殖业的有机结合。到 2012 年建立清香核桃生态示范园 333 hm^2，养猪舍 24 个，存栏达 5 000 头。年均出栏生猪 2 万头。24 个沼气池（200 m^3/个），日产沼气 1 500 m^3，可供 200 户使用。平均日产沼气经济效益 750 元，年产沼渣 1 679 t，供做核桃园优质肥料，每年可节省购买有机肥料 33.58 万元。国标一级核桃坚果率提高 10%～15%，总产值增加 30%。

3. 灌水

我国北方一般年降水量为 600～800 mm，分布比较均匀的地区基本上可以满足核桃生长发育对水分的需要。年降水量在 500 mm 左右且分布不均的地区，需灌溉补水。灌水时期、次数和灌水量应根据核桃 1 年中对水分的要求以及当地的气候、土壤及水源条件而定。各地经验认为，主要灌水时期为：

①萌芽前后（3～4 月）。是北方春旱少雨季节，如土壤干旱、墒情较差时，应结合追肥灌水。

②花芽分化前（约 6 月上旬）。正值花芽分化和硬核期前，如遇干旱应及时灌水，以满足果实发育和花芽分化对水分的需求。

③采收后。可结合秋施基肥灌 1 次透水，以促进基肥分解，增加冬前树体内的营养贮备，提高幼树的越冬能力，有利于翌春萌芽和开花。

在无灌溉条件的山区或缺乏水源的地方，应注意冬季积雪贮水，或利用鱼鳞坑、小坝壕、蓄水池等水土保持工程拦蓄雨水。

4. 排水

核桃树对地表积水和地下水位过高均很敏感。渍涝积水或地下水过高均易使根部缺氧，影响根系的正常呼吸和生长。如积水时间过长时，叶片萎蔫变黄，严重时整株死亡。我国大部分核桃产区为山地或丘陵区，自然排水情况良好。对易积水和地下水位过高的平地果园，建园前应修筑台田、排水沟和其他排水工程及时排水。

三、间作

幼龄核桃园内间作是我国的传统习惯，已成为核桃发展的主要形式之一，并且引起科技工作者和国外核桃栽培者的重视。核桃园间作可以充分利用地力和空间，提高种植经济效益，使长远和当前利益互补，以短养长、相得益彰。

间作作物种类和间作方式以不影响幼树生长发育为原则。间作方式有水平间作和立体间作2种。

①水平间作。是指间种作物的种类同核桃树的生长特点相近的间作方式。辽宁省经济林研究所的核桃与桃树间作，行距均为5 m；核桃与葡萄间作，行距均为4 m。山东省果树研究所的核桃与山楂间作，也属于水平间作。

②立体间作。是指间种作物比核桃树矮小，利用核桃树下层空间种植瓜菜、树苗、药材和食用菌等矮秆作物，增加果园早期效益。陕西洛南县四皓乡胡河村，在3.3 hm² 幼龄核桃园中间种矮秆粮食作物，3年共收粮食7 500 kg。河北和山西一些地方有"3层楼"式的立体间作方式：核桃树（乔木）为第1层，行间种花椒（灌木）为第2层，花椒两侧种谷、豆类作物为第3层，都获得了较高的收益。

四、其他管理措施

1. 越冬防寒

核桃幼树枝条髓心较大，停长期较晚，抗寒性较差，在冬季寒冷地区容易遭受冻害或造成枝条干枯。因此，在定植后的1～2年内，应进行幼树防寒和防抽条的工作。各地常用的方法有3种：

①埋土防寒。在冬季土壤封冻前，把幼树轻轻弯倒，顶部接触地面，用土埋严。埋土厚度视当地的冻土厚度而定，一般为20～40 cm，第2年春季土壤解冻后撤去防寒土，扶直幼树。

②培土防寒。对于弯倒有困难的幼树，可在树干周围培土。上部枝干用编织袋装湿土绑严。

③涂白防寒。在早春昼夜温差较大的地方，枝干因受昼融夜冻的影响，

易使阳面皮层坏死干裂，影响幼树生长。可采用涂白方法，缓和枝干阳面的温差，防寒效果较好。涂白剂用食盐 0.5 kg、生石灰 6.0 kg 溶于 15.0 kg 的清水中，加入适量的黏着剂和杀虫灭菌剂等制成，于结冻前涂抹。也可用石硫合剂的残渣涂抹。

2. 人工辅助授粉

核桃系风媒异花授粉树种，并且有雌雄异熟特性。雌花先于雄花开放称为雌先型，雄花先于雌花开放称为雄先型，雌雄同时开放称为同熟型。雌先型和雄先型较为常见，约各占 50%，同熟型稀有少见。花期不遇常造成授粉不良，影响坐果率和产量。此外，核桃幼树最初几年只开雌花，3～5 年后才出现雄花，影响授粉和坐果。为了提高坐果率、产量和坚果质量，应进行人工辅助授粉。各地的试验表明，人工授粉可比自然授粉提高坐果率 15%～30%。主要方法和步骤是：

（1）采集花粉

在雄花序基部小花开始散粉时，选择树冠外围生长健壮、无病虫害的枝条，剪取雄花序，置于室内或无太阳直射、干燥的白纸上，待大部分花药裂开散粉后收集花药和花粉，并用细筛筛去杂质，将花粉放入有色瓶中，用棉团塞好瓶口，放于阴凉的地方或置于 2～5℃ 低温下保存。授粉前将原粉以 1 份花粉加 10 份淀粉（粉面）或滑石粉混合拌匀备用。

（2）适期授粉

授粉最佳时期是雌花柱头开裂并呈倒"八"字形张开时。此时，柱头分泌大量的黏液，利于花粉的萌发和授粉受精，要抓紧时间授粉，柱头反转或柱头干缩后授粉效果显著降低。雌花开花期不整齐时，2 次授粉比 1 次授粉的坐果率高。

（3）授粉方法

①授粉器授粉。适用于树体矮小的幼树。方法是将花粉加 5～10 倍淀粉稀释后装入喷粉器（可用医用喉头喷粉器代替）的玻璃瓶中，喷头离柱头 30 cm 以上喷授，也可用新毛笔蘸少量稀释花粉，轻轻点掸在柱头上。

②抖授花粉。成年树或高大的核桃树，可将稀释 10～15 倍的花粉装入由双层纱布做成的花粉袋中，挂于竹竿顶端，在核桃园树冠上方抖撒，或将稀释花粉装入纱布袋中挂在树冠的上方，利用风力吹动纱布袋，使花粉自然飞散。

③喷授法。将花粉配成水悬液（花粉与水之比为 1∶5 000），放入喷雾器中进行喷授。在水悬液中加 10% 的蔗糖和 0.02% 的硼酸，可促进花粉萌发，提高坐果率。

④挂雄花序。将采集的雄花序 10 多个扎成 1 束，挂在树冠上部，依靠风力自然授粉。为延长花粉的生命力，也可将含苞待放的雄花枝插于装有水溶液（每千克水加 0.4 kg 的尿素）或装有湿土的容器内，再将容器挂在植株上方自然散粉。

近年很多地方发展种植核桃园，并有可行性规划和管理技术，成为优质、丰产、高效示范园。也有一些地方在退耕还林工程中种植了核桃树，由于栽植密度大和放任管理，造成死树、小老树现象非常普遍，达不到预期效果。

河北玉田县独乐核桃园是一个重视应用科学技术、管理措施良好、经济效益显著的农家核桃园。该园位于河北玉田县郭家屯乡北王庄村，村北是山地梯田，成土母质多为石灰岩。2004 年栽植 8 hm² 核桃优良品种嫁接苗（其中清香 6.7 hm²），1～3 年生树主要进行整形修剪和土施尿素；4～7 年生树冬施复合肥每株 2～2.5 kg，春施尿素每株 2～2.5 kg，施肥后浇水。每年秋、春各浇 1 次封冻水和返青水，6 月少雨干旱时浇 1 次水，有利于当年幼果生长和下年花芽分化。每年 3 月下旬至发芽前进行修剪和拉枝，4～5 月进行 2 次拉枝以控制旺长、增加分枝。2006—2012 年的产量如表 7-2 所示。

表 7-2　河北玉田县独乐清香核桃园 2006—2012 年坚果产量（2004 年栽植）

年　份	产量/(kg/hm²)	总产量/kg
2006 年	79	525
2007 年	195	1 300
2008 年	390	2 600
2009 年	825	5 500
2010 年	1 650	11 000
2011 年	3 300	22 000
2012 年	3 675	24 500

河北平山县南西焦村甘泉林果场，2003 年在 13.3 hm² 旱坡、生土、无灌水的荒坡地上，利用 3 年生实生核桃为砧木，高接清香核桃。株、行距为 3m×4m，自由纺锤形树体结构，采用调控中心主枝和小主枝生长势、小主枝开角 85°～90°、控旺促枝、促进提早结果等措施。2010 年 7 年生平均树高 3.9 m，冠径为 2.7～3.0 m，中心主枝上平均着生小主枝 11 个。连续结果枝率达 81.7%，平均株结果 173 个，双果率为 77.0%，3 果率为 0.5%，坚果平均单位面积产量为 1 946 kg/hm²（参阅附录二）。

第四节　成龄树管理

从初结果期到盛果期称成龄期，是核桃重要的经济年龄时期。集约和规范成龄树管理，是实现核桃生产优质、丰产、高效、安全的关键。进入结果盛期后，树体骨架已基本形成，树冠处于相对稳定与枝条更新的交替状态，结果量处于高峰期，但大小年的变化日趋明显，特别是规模栽培的核桃园比零散栽植的单株更为突出。为了保持结果盛期优质、高产、稳产，必须加强管理，使树体骨架更加牢固和合理，扩大结果部位，保持连续结果和持续结果的能力，使营养生长和生殖生长保持相对平衡状态。

一、土壤管理

(1)行间深翻

成龄核桃园土壤深翻，可改善土壤结构、提高保水保肥能力、减少病虫为害，达到增强树势、提高产量的目的。深翻宜在采收后至落叶前进行，此时断根容易愈合，促生大量新根，若结合秋施基肥，有利于根系吸收、积累树体养分，为来年生长和结果奠定基础。深翻深度以 60～80 cm 为宜。深翻时表土与底土分开堆放，回填时先填表土，后填底土。深翻时应少伤直径为1 cm 以上的粗根。

(2)树盘浅翻

浅翻有利于土壤通气和防止板结，一般在春季和秋季进行，秋翻深度为20～30 cm，春翻深度以 10～20 cm 为宜。浅翻以树干为中心达到行内，株间翻通。

(3)果园生草

果园生草是发达国家成功的果园管理技术。生草法能够显著、快速地提高土壤的有机质含量，改善土壤结构和小气候，增加害虫天敌数量，有利于保持果园的生态平衡。果园生草可减少土壤表层温度的变幅，并起到水土保持的作用，有利于核桃树根系的生长发育和提高坚果品质，可根据园片立地条件选择适宜草种。

(4)化学除草

化学除草法具有保持土壤自然结构、节省劳力、降低生产成本和提高除草效果等优点。为安全起见，在有条件进行机械或人工除草的地方，尽量不用或少用除草剂。

使用除草剂应选择无风天气，严防将药液喷洒或接触到枝叶和果实上，以免发生药害。除草剂种类很多，在使用除草剂之前，必须掌握除草剂的特性和正确的使用方法，根据具体情况选择适宜的除草剂，先进行小型试验(使用时期和用量)，证实有效、无害后再大面积应用。生产上常用的除草剂有西马津、草甘膦、茅草枯、阿特拉津、百草枯、除草醚、敌草隆等。

(5)行间间作

成龄核桃园合理间作可以充分利用光能、地力和空间，提高核桃园的经济效益。

间作形式和方法应以有利于核桃的生长发育为原则，留出足够的树体和根系生长空间和树盘。立地条件较好、株行距较大、长期实行间作的核桃园，可间作小麦、豆类、花生、棉花、薯类、瓜菜等。建于荒坡、滩地的核桃园，立地条件较差、土壤肥力较低，应以养地、壮树为主，可间作绿肥和豆科作物。树冠基本郁闭的核桃园不宜间种作物。此外，间作园应加强间作物的肥水管理，以保证间作物和核桃树的营养和水分需求，避免争肥争水。

(6)树下覆盖

树下覆盖包括覆草和覆地膜，有利于土壤保墒、缓和土壤温差，是近些年发展起来、应用广泛的保墒、调温和肥土的土壤管理方法。

①覆草。可改良土壤质地，提高土壤的有机质含量，减少土壤水分蒸发，调节地温，抑制杂草等。覆盖材料以麦草、稻草、野草、豆叶、树叶、糠壳为宜，也可用锯末、玉米秸、高粱秸、谷草等。四季均可进行覆草，但以夏末、秋初为主。覆草前应适量追施氮素化肥，施肥后及时浇水或降雨后追肥覆盖。覆草厚度以 15～20 cm 为宜。为防止大风吹跑覆草或引起火灾，覆草之上要散点压土。甘肃华亭县林业技术推广站经过 4 年的试验研究发现，树盘覆草比对照的土壤有机质含量提高 2.33 g/kg，速效钾和速效磷的含量分别提高 32.0 mg/kg 和 20.7 mg/kg，且提高了核桃的抗旱能力，显现出良好的生态和经济效益，核桃产量增加 15.4%。此法值得在干旱、半干旱区核桃生产中推广应用。

②覆地膜。具有土壤增温、保温、保墒、抑制杂草等功效。覆膜时期宜在春季追肥、整地、浇水或降雨后趁墒覆膜。覆膜后膜的四周用土压实，中间可斑点压土，以防风吹。

(7)增施肥料

进入结果盛期，需要的营养量相应增加，尤其是氮、磷、钾 3 要素的需要量更为明显。如果氮素不足易出现枝条细短、叶片变黄、花量减少、落果增多及隔年结果等不良现象。我国西藏地区核桃不仅产量高，而且经济寿命长，主要原因之一是多数地方不仅土壤深厚，还由于群众习惯在树下放牛，大量的牛粪尿使土壤有机质丰富、湿度增大，对核桃树的生长发育有利。另外，在北京、河北、云南以及山西吕梁地区，核桃单株产量较高，其共同特点是立地条件较好，土壤深厚、肥沃，而且与粮食作物间作，肥水管理及时，故核桃产量比较稳定。先进国家非常注重对结果盛期核桃园的肥水管理，如法国成年核桃树每年每株平均施肥（化肥）为 3.0 kg 左右。我国成龄核桃园应做好施用基肥和追肥 2 方面的工作。

①施足基肥。成年树每年生长和开花结实，需要大量的营养物质。为了维持健壮的树势，为第 2 年生长和结实奠定良好的基础，需要施足基肥。按照 25～30 年生树每株需氮 1.5～1.8 kg 计算，有机肥用量不应低于 200 kg。用速效化肥（如尿素）作为补肥，用量应不低于每株 2.5 kg。陕西秦岭核桃产区按照这个标准进行低产树改造，长期结果很少的弱树树势恢复，单株产量超过原有基础的 10～15 倍或更多。可见在其他措施改善的前提下，施足基肥是壮树增产的一项重要措施。

由于厩肥来源不足，各地广泛种植和利用绿肥。我国各地可用的绿肥种类很多，如黑麦草、草木樨、沙打旺、毛叶苕子、田菁、紫穗槐等，都是很好的绿肥作物。有灌溉条件的地方，可将绿肥植株直接翻压于树盘。如果土壤瘠薄、灌水条件差，可在刈割后经高温堆沤再施入土中。由于基肥是迟效性有机肥料，为增加肥效可结合增施速效性磷、钾肥料。

基肥的施用时间，以果实采收后 10 d 内为宜。这时土温、气温都比较高，可以促使有机肥分解，提高根系对养分的吸收。

成龄核桃园核桃树的根系水平分布广，基肥多采用全园撒施然后浅翻，方法简便易行。缺点是施肥部位浅，易把细根引向土壤表层。采用此法一定要结合翻耕效果才好。沟施法可参阅本章第三节幼树土肥水管理部分。

②增施追肥。核桃树进入结果盛期后，随树龄和产量的增加需肥量也相应增加。追肥要根据树势、产量变化等情况进行，以发挥追肥的最好效果。

春季芽萌动以后，核桃主要器官的物候期进程迅速，生理活动旺盛，需要的养分较多。如果养分不足，除阻碍前期生长外，还会给后期生长带来不利的影响。因此，应在春季萌动前追施速效性氮肥和磷肥，施肥量占全年追肥量的 50%。

5～6 月果实迅速发育，花芽开始分化，果实发育的大小和花芽分化的质量取决于养分的消耗和积累之间是否平衡。所以，在多花多果的年份或是树势较弱的情况下，一定要抓好追施氮肥和灌水工作。此期追肥量占全年追肥量的 30%。7 月以后，坚果已经硬核，核仁开始发育，追施应以速效性磷肥为主，并辅以少量的氮和钾肥。追肥量为全年追肥量的 20%。追肥方法可采用放射状、轮状、条状追肥法。施肥后要及时灌水。

二、主要修剪方法

结果盛期的核桃树骨架基本形成和稳定。修剪的主要任务是调整营养生长和生殖生长的关系，改善树冠内的通风透光条件，以保持稳定的长势和较高的产量。盛果期树修剪应根据品种特性、栽培方式、生长发育状况等，采取适宜的修剪方法。

（1）早实核桃

结果盛期树发育枝和二次枝数量减少，长势变弱，很少再抽生二次技，结果枝枯死和更替现象明显。修剪要点是：

①疏枝。早实核桃的结果枝率较高。为了使养分集中，减少不必要的消耗，应把长度在 6 cm 以下、粗度不足 0.8 cm 的细弱枝条疏除。

②利用和培养徒长枝。当结果母枝或结果枝组明显衰弱或出现枯枝时，可通过回缩使其萌发徒长枝，培养成新的结果枝组。辽宁省经济林研究所对 3 年生以上母枝回缩后，基部潜伏芽可抽生 1.0 m 左右的徒长枝，其上可形成 25 个以上的混合芽，再经轻度短截后可发出 3～4 个结果枝，形成新的结果枝组。

③二次枝处理。方法与幼龄阶段基本相同。重点是对树冠外围生长旺盛的过多的二次枝进行短截或疏除，防止结果部位外移。

④清理无用枝。主要是剪除内腔过密、重叠、交叉、细弱、病虫、干枯等的枝条，减少养分消耗和改善树冠透光条件。

（2）晚实核桃

盛果期树冠外围枝量不断增多，冠内通风透光不良，发育枝生长变弱。应注意疏除密挤和生长部位不当的中、大型枝，以改善树冠结构，创造良好的通风透光条件。对非目的性枝条应从基部剪除。树冠内空间较大时，对于长势较强的非骨干枝可适当短截或回缩，逐渐培养成大、中型结果枝组，以达到高产稳产。修剪要点如下：

①调整骨干枝和外围枝。晚实核桃随树龄增长，树冠不断扩大，结实量逐年增多，如骨干枝和外围枝伸展过长，易出现下垂。因此，应注意调整过长骨干枝和长势变弱的骨干枝，可在斜上生长侧枝的前部进行回缩。对树冠外围过密、过长和下垂的枝条，可视情况进行短截或疏除，以改善冠内的通风透光条件。

②结果枝组的培养与修剪。有计划地培养和更新结果枝组，稳定和增加结果部位，是保证结果盛期核桃园丰产、稳产的重要措施。培养结果枝组对晚实核桃尤为重要。结果枝组应从结果初期开始培养，进入结果盛期后，除

继续加强对结果枝组的培养利用外，还应及时进行复壮更新。大、中、小结果枝组，应均匀地分布在主、侧枝上，以保障生长空间和良好的通风透光条件。

结果枝组多年结果后会逐渐衰弱，为了维持结果枝组的长势，防止基部秃裸，要及时更新复壮。采取去弱留强的办法，不断扩大营养面积，增加结果枝数量。已无结果能力的弱小枝组应一次疏除；长势弱的中型枝组应回缩复壮，促使枝组内的分枝交替结果；大型枝组要注意控制高度和长度，以防"树上长树"。

（3）辅养枝的利用和修剪

多数辅养枝是临时性的，如果影响主、侧枝生长时，则视其影响程度进行回缩，逐步改造成大、中型结果枝组。当辅养枝过多时可适当疏除。

（4）背下枝的处理

晚实核桃易存在背下枝强旺和"夺头"现象，多由枝头背下第2～4芽发展而成。长势很强的背下枝，若不及时处理，常形成枝头"倒拉"现象。背下枝的处理方法为：如果背下枝长势中庸并已形成混合芽，可保留结果；如果生长健壮，结果后可在适当分枝处回缩，培养成结果枝组；已经产生"倒拉"现象的背下枝，原枝头开张角度较小，可将原枝头剪除，改用背下枝代替原枝头；无用背下枝可从基部疏除。

（5）徒长枝的利用

骨干枝受到刺激（如病虫为害、大枝锯剪及折断等）后，其下部的潜伏芽易发出徒长枝，造成树膛内部枝条紊乱，影响枝组的生长。如内膛枝条已很密集并影响结果枝组生长时，可将徒长枝从基部疏除。如果结果枝组已显衰弱，可将徒长枝改造培养成结果枝组。

三、疏除多余花芽

雄花和雌花发育需要大量树体内贮藏和当年制造的营养和水分，疏除过多的雄花和雌花可减少树体内养分和水分的消耗，使更多的营养和水分供给保留的雌花发育和开花坐果，提高坚果的产量和品质。

（1）疏除多余雄花芽

试验结果显示，1株成龄核桃树，疏除90％～95％的雄花芽，可节约水分50 kg、干物质1.1～1.2 kg。因此认为，疏除多余的雄花序能够显著节约树体的养分和水分，从某种意义上说，这是一项逆向灌水和施肥的有效措施。北方3月下旬至4月上旬疏雄花芽效果最好，此时雄花芽容易疏除且养分和水分消耗较少。疏雄量以疏除全树雄花芽量的90％～95％为宜，树上保留的雌雄花之比仍然可达(30~60)∶1,完全可以满足授粉的需要。授粉品种的雄花序应适当少疏或不疏,以利采粉。主栽品种可适当多疏。

(2)疏除多余雌花芽

早实核桃品种常因结果太多而导致坚果变小,核壳发育不完整,种仁不饱满,发育枝少而短,结果枝细弱和枝条干枯。为了保证树体健壮、高产稳产、延长盛果期,除加强肥水管理和修剪更新复壮外,应疏除过多的雌花芽,维持合理果实负载量。疏除雌花宜在生理落果以后、幼果直径为1~1.5 cm时进行。雌花疏除量应根据雌花量、树势和栽培条件而定。应首先疏除弱树和弱枝上的雌花,也可连同弱枝一起剪掉。1个雌花序有3个以上幼果时,视结果枝的强弱保留1~2个。疏果多用于坐果过多的早实型品种和树弱果多的树。

四、人工辅助授粉

授粉是结果的重要前提,我国很多核桃园建园时未配置授粉树,造成雌花受精不良,影响坐果和产量。另外,不良气象因素如低温、降雨、大风、霜冻等也会影响雄花开放、散粉和授粉。人工辅助授粉是弥补这一损失的必要措施。根据河北、辽宁等地的试验表明,人工辅助授粉比自然授粉可提高坐果率5.1%~31.0%。即使在正常气候情况下,实行人工辅助授粉也能提高坐果率。

盛果期人工授粉多采用树上挂雄花序和用花粉袋抖授法。辽宁、河北等地采用花粉液喷授效果很好,具体做法可参阅本章第三节中人工辅助授粉部分。

成龄核桃园的效益取决于管理技术水平和各项措施的落实。重发展轻管理、重效益轻投入是一些核桃园存在的现实问题。河北某县有3种类型的核桃园:第1种是连年丰产园,每年下大力进行土肥水管理,修剪合理,及时进行人工授粉、疏雄,产量稳定增加,每公顷产坚果3 750 kg左右;第2种是轻视投入园,每年财力和人力投入不足,核桃园产量较低,每公顷产量徘徊在1 125 kg左右;第3种是放任管理园,对核桃园不加管理,放任生长,多年冬季遭受冻害,徒长枝丛生,产量甚少。

还有些核桃园,盲目追求密植增产增效,却并无密植管理技术,造成10年生优良品种园全园郁闭,行、株间交接,通风透光条件恶化,病虫害严重,病果遍地,产量降低,坚果品质不良。这些都清楚地表明,重视发展只有在更重视管理的情况下,才能获得事半功倍的效果。

第五节　高接换优

高接换优是指利用优良核桃品种早果、丰产、优质的特性,对实生树,适龄不结果或坚果品质低劣树进行品种更新,彻底改变结果晚、产量低、品质差的缺点,也是培育大量优良品种核桃接穗的有效方法。高接换优多采用春季插皮舌接法和夏季方块芽接法。

一、高位枝接

(1)接穗的采集

高接用的接穗于核桃落叶后到翌春萌芽前从优良品种采穗母树上采集。北方核桃抽条严重或枝条易受冻害的地区,宜在秋末冬初(11~12月)采集,并妥善保存备用,防止贮藏过程中接穗水分损失。冬季抽条和寒害较轻的地区,宜在春季接芽萌动之前采集或随采随接,能显著提高嫁接成活率。接穗应采自树冠外围粗1~1.5 cm、无病虫害的健壮发育枝,选用枝条中下部芽发育充实的枝段作为接穗。

(2)接穗的贮运

翌年春季高接用的接穗,采后需沟藏越冬。方法:可在背阴处挖宽1.5~2 m、深80 cm的接穗贮藏沟,长度依接穗的多少而定。接穗扎成30~50根1捆并标明品种名称,分层平放于沟内,每放一层,中间加10 cm左右厚的湿沙。最上一层接穗上面覆盖20 cm的湿沙或湿土后浇1次透水,以保持沟内湿度。土壤结冻后,贮藏沟上再加40 cm厚的土保温。接穗贮藏最适温度为0~5℃,最高不宜超过8℃。接穗长途运输时需用塑料薄膜包严保湿。

(3)接穗的处理

嫁接前应将穗条剪截成留有2~3个饱满芽的枝段,要求芽体完整,无病虫害,顶芽距离剪口1.5 cm左右。蜡封能有效地防止接穗失水,提高枝接成活率。封蜡温度控制在90~100℃,为控制蜡液温度,可在熔蜡容器内加入50%左右的水。但蜡温不能太低,以防蜡层太厚或因接穗表面有水造成蜡层不牢而剥落。蜡封后的接穗打捆和标明品种后,放在湿凉环境中备用。

(4)砧木(树)的选择及处理

应选立地条件较好、易于管理、30年生以下的健壮树作砧树。为减少伤流,在砧树嫁接前1周,在照顾原树结构的基础上,按从属关系锯出接头。幼龄分枝少的树可直接锯断主干施行高接。大树分枝多时可行多头高接。接头断面的直径以 5 cm 以下为宜。高接前需提前锯砧释放伤流液,伤流多时可在树干基部距地面 10～20 cm 处,螺旋状交错锯 3～4 个深达木质部的锯口(勿锯入木质部),引伤流液流出。嫁接前后 15 d 内不要灌水,以减少伤流。

(5)嫁接时期和方法

各地可根据当地核桃的物候期具体确定高接时期。通常以砧树萌芽期至展叶期,接穗芽未萌动时嫁接为宜。嫁接应选择晴朗无风天气进行,低温阴雨天嫁接会影响成活率。高位枝接多用插皮舌接法,嫁接时先将砧木接头锯出新茬削平,然后将接穗下端削成 5～6 cm 长的舌状削面。再选砧木侧面光滑部位,削去表皮,削面长宽略大于接穗削面。再将接穗削面前端皮层捏开,将接穗舌状木质部慢慢插入砧木接头木质部与皮层之间,接穗皮层紧贴在砧木皮层的削面上,接穗露白 1 cm 左右。依接头粗细每个接头可插入 1～3 个接穗。嫁接完成后,用塑料条将接口绑缚严紧(图6-7)。嫁接后 40 d 左右成活并长出新枝(图7-5),待新枝长达 15 cm 左右时,选择保留 1 枝,其余剪除。

图 7-5　高位枝接新枝生长

(6)高接后的管理

高接后 20～25 d 接芽萌发抽枝,待新枝长至 20～30 cm 时,应绑支棍固定新梢,防止风折。同时抹去砧树上的萌蘖,以免与接穗争夺养分、水分,影响接穗成活生长。未成活接头可利用砧木萌蘖枝补接。当接口双方愈伤组织连接后,及时除去绑缚物,以免阻碍接穗的加粗生长。高接后的 1～2 年内,应选留 1～2 个成活枝,做永久枝培养,剪除多余新枝。注意新、主侧枝的选留,培养新的骨架。同时加强肥水管理,以利于恢复树冠。

二、高位芽接

(1)砧木(树)的准备

首先从砧树骨干枝中选留 3～5 枝作为骨干枝，并在距骨干枝基部 10～15 cm 处锯断，其他枝从基部锯除，不留橛。对直径 10 cm 以上的大枝，可根据实际情况适当提高截枝部位。当砧树锯口下的新梢长到 10 cm 以上，每枝留 1～2 个新梢，以备芽接，其余枝全部抹除。

(2)接穗的采集与存放

当采穗母树新梢半木质化、芽体较饱满时(北方约 5 月底至 6 月中旬)，采集健壮、芽饱满、无病虫害、半木质化的发育枝作为芽接接穗。接穗剪下后剪掉叶片只留叶柄，捆好后竖放到盛有清水的容器内，上半部用湿麻袋盖好，放于阴凉处待用。

(3)嫁接时期和方法

北方芽接的最佳时期为 5 月下旬至 6 月上、中旬，尽量避开雨季，以防止伤流降低成活率。3 面开口式方块状芽接是成活率高的芽接方法(见第六章第四节)。芽接后用宽 2 cm 左右的塑料条由下至上将外露接芽包扎严紧。

(4)接后管理

芽接后 10 d 左右，接芽叶柄轻触即脱落时说明接芽成活。嫁接后 20 d 去掉砧木萌芽。接芽长到 15～20 cm 时解绑，并设防折支棍。芽接新梢长到 40 cm 左右时摘心，摘心后萌发的侧枝，每枝条除选留 2～3 个方向、距离合适的枝条，其余抹除。

山西祁县贾令镇对 1.3 hm² 7～12 年生核桃低产园进行了高枝芽接，更换优良品种，芽接新梢当年生长量达 1 m 以上，第 2 年结果枝率达 90％，第 3 年平均株产坚果 1～3 kg。

第六节　主要病虫害防治

在我国为害核桃的病虫害种类较多，目前已知的害虫有 120 余种，病害有 30 多种。依其主要受害部位分为：叶部病虫害、枝干病虫害、果实病虫害和根部病虫害。由于各核桃产区的生态条件和管理水平不同，病虫害的种类、分布及为害程度有很大差异。在防治方法上，以前多依赖毒性大、残效期长的化学农药，产生了许多不良后果。近年要求各地在保证产地环境安全的前提下，强调产品食用安全，要遵循科学的防治原则，采取正确的防治措施。

一、防治原则

(1)预防为主，综合防治

要从生物与环境的总体状况出发，本着预防为主的指导思想和安全、经济、有效、简易的原则，充分利用自然界抑制病虫害的各种因素，创造不利于病虫害发生及为害的环境条件。以农业综合防治为基础，根据病虫害的发生发展规律，因时、因地制宜，合理运用物理措施、生物技术及化学药剂等，经济、安全、有效地控制病虫为害。同时还要保护有益生物，避免各种有害的副作用，注意各种措施的有机协调与配合。充分利用农业综合措施，在保证人畜安全的前提下，合理选择防治方法，避免或减少对环境的污染和对生态平衡的破坏。

(2)主次兼治

善于抓住当地主要病害或害虫种类，集中力量解决对生产为害最大的病虫害。同时，也要密切注意次要病虫害的发展动态和变化，有计划、有步骤地防治一些较为次要的病虫害。新建核桃园应避免苗木传带的危险性病虫，如菌核性根腐病等。幼龄树病虫害的防治重点是为害叶片的病害、虫害和为害枝干的害虫；盛果期防治重点是为害果实和枝干的病虫害。

不同年份和不同物候期的防治重点及措施也不相同，各地应根据调查和预测结果制定当地的病虫害防治对象和措施。

(3)点面结合

核桃病虫害的防治，主要是控制病虫害在群体中的发生、传播与为害，单株发病往往是群体发病的开端和先兆。所以，在全面防治之前，必须重视少数植株的病虫害发生和治疗。例如，有些害虫(如介壳虫类)在园内扩展蔓延速度缓慢，发生为害具有相对局限性，甚至只发生在个别植株上，对于这类害虫防治时就应以单株为单位进行挑治，既达到防治目的又可节约投入成本，是预防病虫害由点到面扩大流行的有效措施。

(4)合理防治

以最少的人力、物力、财力，最大限度地控制病虫为害，是搞好果树病虫害综合治理的基本要求。要做到这一点，关键在于掌握病虫害的发生规律和发生特点。例如，利用核桃瘤蛾幼虫白天在树皮缝隐蔽、老熟幼虫下树作茧化蛹的习性，可在树干上绑草诱杀，利用成虫的趋光性于6月上旬至7月上旬成虫大量出现期间设黑光灯诱杀。合理的防治指标是：除少数特别危险的病虫害或检疫性病虫害要立足于彻底控制外，对绝大多数病虫害均不必要求其完全不发生。例如，对叶部病虫害，只要能控制叶片不早期大量脱落即可；对果实病虫害，只要能控制到病虫果率不超过 5％即可。

（5）合理用药

使用农药虽然是保证果树健康生长发育的主要措施之一，但使用不当则会污染环境、增加防治成本、造成农药残留，还会使生态平衡受到严重破坏，诱发许多病虫严重发生，进而导致农药用量的进一步增加，形成恶性循环。所以，首先应该选用高效、低毒、低残留的专化性药剂，逐渐淘汰高毒、高残留的广谱性药剂。防治中要求对症下药，避免滥用农药。要重视推广非农药防治措施，减少对农药的依赖性。

二、综合防治

核桃病虫害的种类较多，防治措施也多种多样，仅仅依靠农药防治往往事倍功半，还会对环境及果品造成污染。因此，在核桃病虫害防治中，应从生态学的整体观念出发，采用检疫防治、农业防治、人工防治、物理防治、生物防治及化学防治等的综合措施，把病虫数量控制在经济受害水平之下，达到高产、稳产、优质、无公害的目的。

（1）检疫防治

植物检疫是对植物及其产品，特别是苗木、接穗、插条、种子等繁殖材料进行管理和控制，防治危险性病、虫、杂草传播和蔓延的措施。引进或调出核桃苗木、种子、接穗时，必须进行严格的检疫检验，防止危险病虫害的传播、扩散。

（2）农业防治

农业防治是在认识病虫、果树和环境条件三者之间相互关系的基础上，采用合理的农业栽培措施，创造有利于果树生长发育的环境条件，提高果树的抗病能力。同时，创造不利于病虫繁殖和传播的环境条件，或是直接消灭病虫，从而控制病虫害发生的程度，能取得化学农药防治所不及的效果。如利用抗病品种培育无病虫苗木、科学修剪、调整结果量、实行合理的耕作制度与肥水管理等。

（3）物理防治

利用简单工具和各种物理效应，如光、热、电、温度、湿度和放射线、声波等防治病虫害的措施称为物理防治，是古老而又年轻的一类防治手段，包括最原始的徒手捕杀或清除。如利用昆虫趋光性在园内安装黑光灯或在果园便道上堆火，以光或火诱杀趋光性害虫的成虫；利用糖醋液和性外激素诱杀等方法诱杀消灭害虫。河北邢台市绿蕾农林科技有限公司 2010 年采用频振式杀虫灯诱杀金龟子、天牛、蝇类、蟓象、吸果夜蛾、潜叶蛾、小绿叶蝉、黑刺粉虱等 50 多种果树害虫，效果显著。适合于集中连片核桃园。具有操作方便、成本低、维护生态平衡、杀虫范围广、节约农药投入、减轻劳动强度、减少环境污染、保护天敌、对人畜安全等优点。

(4)生物防治

生物防治是利用有益生物或其他生物来抑制或消灭有害生物的一种防治方法。它的最大优点是不污染环境，使用农药等非生物防治方法无法与之相比，对无公害果品的生产有十分重要的意义。

(5)化学防治

利用化学农药直接杀死或抑制病菌和害虫的方法叫做化学防治。化学防治见效快、效率高、受区域限制较小，特别是对大面积、突发性病虫害可于短期迅速控制。但长期施用 1 种农药易导致病、虫的抗药性增加，致使害虫的再次猖獗及次要害虫上升，同时农药残留也会污染环境，为害人、畜和食品等。因其方法简单、效果好、便于机械化作业，仍是我国目前果树病虫害最有效的控制手段。对于病虫害发生面积大、蔓延快，使用其他方法难以控制，为害程度严重并对生产构成重大威胁时，采用化学农药防治会收到良好的效果。但应遵循"对症下药，适时用药，保证喷药质量"和"交替用药，防止产生抗药性"等原则。

三、主要病害防治

本部分只对常见的主要病害种类的特征和防治方法作简要介绍，详细内容可参考相关的专业书籍和资料。

1. 核桃炭疽病

(1)症状

主要为害果实、叶片、芽和嫩梢。果实受害后引起早期落果或核仁干瘪，影响产量与质量。受害果实果面上的病斑初为褐色，后为黑褐色，近圆形，中央下陷，病部有黑色小点，有时呈同心轮纹状排列。病果表面病斑扩大连片，全果变黑腐烂或早落，失去食用价值。严重时全叶枯黄脱落(图7-6)。

(2)防治方法

①调整株、行距，加强栽培管理，改善园内和冠内的通风透光条件。

②结合修剪清除病枝、病果、落叶并集中烧毁，减少初次侵染源。

③选用抗病品种。

④春季发芽前喷 3～5°Bé 石硫合剂；生长期用 40% 的退菌特可湿性粉剂 800 倍和 1:2:200 的波尔多液交替使用，根据病情每半月左右 1 次；喷 50% 的多菌灵可湿性粉剂 1 000 倍液；75% 的百菌清 600 倍液；50% 或 70% 的甲

基托布津800～1 000倍液。

图7-6　核桃炭疽病

2. 核桃细菌性黑斑病

又称核桃黑斑病、核桃黑、黑腐病。主要为害果实、叶片、嫩梢和芽，致使果实变黑、腐烂、早落，或使核仁干瘪、出仁率降低。

（1）症状

果实感病后果面上出现黑褐色小斑点，而后扩大为圆形或不规则黑色病斑，无明显边缘，外围有水渍状晕圈。病斑中央下陷龟裂并变为灰白色，遇雨天病斑迅速扩大，并向果核发展，使核壳变黑。严重时全果变黑、腐烂，提早落果。叶面多呈水渍状近圆形病斑，严重时病斑连片扩大，叶片皱缩、枯焦，病部中央变为灰白色、脱落，形成穿孔状，叶片提早脱落(图7-7)。

图7-7　核桃细菌性黑斑病

（2）防治方法

①保持健壮树势，增强抗病能力。

②选用抗病品种。

③防止核桃举肢蛾等害虫为害造成伤口，采果时避免损伤枝条。

④结合修剪，清除病虫枝与病果集中烧毁。

⑤发芽前喷 3～5°Bé 石硫合剂，展叶后喷波尔多液（硫酸铜、生石灰和水的比例为 1:0.5:200）1～3 次；雌花开花前、开花后及幼果期各喷 1 次 50%的甲基托布津或退菌特可湿性粉剂 500～800 倍液，或每半月喷 1 次 50 μg/g 的链霉素加 2%的硫酸铜，防治效果良好。

3. 核桃腐烂病

又称"黑水病"，主要为害枝干树皮，导致枝条枯死、结实能力下降，甚至全株枯死。

（1）症状

成龄大树的主干及主枝感病后，初期病斑在韧皮部腐烂而外部无明显症状。病斑连片扩大后从皮层向外溢出黑色黏液。2～3 年生侧枝感病后枝条逐渐失绿，皮层与木质部剥离、失水，皮下密生黑色小点，呈枯枝状。幼树主干和主枝感病后病斑易深入木质部，初期病斑呈梭形，暗灰色，水渍状，微肿，用手指按压时流出带泡沫的液体，有酒糟气味。后期病斑纵向开裂，流出大量黑水。当病斑绕枝干 1 周时，幼树主枝或全株枯死（图 7-8）。

图 7-8　核桃腐烂病

（2）防治方法

①改良土壤，增施有机肥，提高树体营养水平，增强树势和树体抗寒抗病能力。

②及时彻底刮除病斑。大树刮除范围应超出变色坏死组织 1 cm 左右，达到刮口光滑、平整。刮皮后用 50%的甲基托布津可湿性粉剂 50 倍液，或 50%的退菌特可湿性粉剂 50 倍液，或 5～10°Bé 石硫合剂，或 1%的硫酸铜液进行涂抹伤口消毒，然后涂波尔多液保护伤口。

③冬、夏树干涂白，防止冻害和日灼。

④用 50%的甲基托布津、10%的苯骈咪唑、65%的代森锰锌等 50～100 倍液涂刷树干，用 200～300 倍液涂抹嫁接伤口，用 100～500 倍液涂抹修剪伤口。

4. 核桃枝枯病

主要为害核桃枝干，造成枝干枯死，树冠逐年缩小，严重影响树势和产量。此病还为害野核桃、核桃楸和枫杨。

（1）症状

多在 1～2 年生枝梢或侧枝上发病，并从顶端逐渐向下蔓延到主干。受害枝的叶片变黄脱落。初期病部皮层失绿呈灰褐色，后变红褐色或灰色，出现枯枝以致全株死亡。

（2）防治方法

①坚持适地适树原则，加强栽培管理，保持健壮树势，提高抗病能力。

②结合修剪清除病枝、枯死枝及枯死树，集中烧毁，减少初次侵染源，并做好冬季防冻工作。

③尽量减少衰弱枝和各种伤口，防止病菌侵入。

④主干发病时应及时刮除病斑，并涂以 3～5°Bé 石硫合剂，再涂抹煤焦油保护。

⑤在 6～8 月选用 70％的甲基托布津可湿性粉剂 800～1 000 倍液或代森锰锌可湿性粉剂 400～500 倍液喷雾防治，每隔 10 d 喷 1 次，连喷 3～4 次可收到明显的防治效果。及时防治云斑天牛、核桃小吉丁虫等蛀干害虫，防止病菌由蛀孔侵入。

5. 核桃褐斑病

主要为害叶片、嫩梢和果实，引起早期落叶、枯梢、烂果。

（1）症状

叶片感病首先出现小褐斑，扩大后呈近圆形或不规则形，中间灰褐色，边缘不明显，呈暗黄绿色至紫色。病斑上有略呈同心轮纹状排列的黑褐色小点。病斑连片造成早期落叶。果实上的病斑较叶片病斑小、凹陷，扩展或连片后，果实变黑腐烂。

（2）防治方法

①结合修剪清除病枝、病叶、病果，集中烧毁或深埋，减少病源。

②开花期前后各喷 1∶2∶200 的波尔多液或 50％的甲基托布津可湿性粉剂 800 倍液，或 70％的甲基托布津可湿性粉剂 1 000～1 200 倍液，或 75％的多菌灵可湿性粉剂 1 200 倍液，或 65％的甲霜灵可湿性粉剂 1 500～2 000 倍液，或 80％的代森锰锌可湿性粉剂 1 000～1 200 倍液，或 50％的扑海因可湿性粉剂 1 000～1 500 倍液。

6. 核桃溃疡病

主要为害幼树的主干、嫩枝及果实。感病后枝干长势衰弱、枯枝甚至全株死亡。果实感病后导致提早落果，品质下降。

（1）症状

该病多发生在树干和主侧枝基部，初为褐黑色近圆形病斑，之后扩展成梭形或长条病斑。病斑初期呈水渍状或形成明显水泡，破裂后流出褐色黏液，遇空气变为黑褐色，形成圆斑。后期病斑干缩下陷，中央开裂，散生众多小黑点，即病菌分生孢子器。当病斑绕枝干 1 周时，即出现枝梢干枯或全株死亡。感病果实，病斑初期近圆形，褐色至暗褐色，引起果实早落、干缩或变黑腐烂(图 7-9)。

图 7-9　核桃溃疡病

该病害的发生还与植株长势和昆虫为害有关。管理粗放，树势衰弱或土壤干旱、贫瘠及伤口多的核桃树易感病。不同品种、类型的感病程度也不尽相同。

(2)防治方法

①选用抗病品种，加强栽培管理，增施有机肥，保持健壮树势，增强抗病能力。

②树干涂白，防止冻害与日灼。涂白剂配料为：生石灰 5 kg，食盐 2 kg，油 0.1 kg，豆面 0.1 kg，水 20 kg。

③冬春刮治病斑，要求刮到木质部，涂抹 3°Bé 石硫合剂或 1% 的硫酸铜液、10% 的碱水(碳酸钠)等。

7. 核桃白粉病

主要为害叶、幼芽、果实、嫩枝等绿色部位，造成早期落叶和苗木死亡。

(1)症状

该病多发生在 7～8 月，初期叶面产生退绿或黄色斑块，严重时叶片变形扭曲皱缩，嫩芽不展开，并在叶片正面或反面出现白色、圆形粉层。后期粉层中产生褐色至黑色小粒点，或粉层消失只见黑色小粒点。幼苗受害后，植株矮小，顶端枯死，甚至全株死亡。病菌侵害幼果后，病果皮层退绿、畸形，形成白色粉状物，严重时导致裂果。

（2）防治方法

①合理施肥与灌水，增强树体抗病力。

②结合冬剪，及时清除病原残体，减少初侵染。

③及时摘、剪被害梢叶，以减少初次侵染源。

④发病初期用 0.2～0.3°Bé 石硫合剂，生长季用 50% 的甲基托布津可湿性粉剂 1 000 倍液，或 15% 的粉锈宁可湿性粉剂 1 500 倍液。

8. 核桃苗木菌核性根腐病

核桃苗木菌核性根腐病又叫白绢病，多为害 1 年生幼苗，使其主根及侧根皮层腐烂、地上部枯死。

（1）症状

通常发生在苗木的根颈部或颈基部。在高温、潮湿条件下苗木根颈基部和周围土壤及落叶表面先出现白色绢丝状菌丝体，菌丝逐渐向下延伸至根系。苗木根颈染病后皮层变成褐色坏死，严重时皮层腐烂。苗木受害后影响水分和养分的吸收，叶片变小变黄，枝条节间缩短，严重时枝叶凋萎，当病斑环茎 1 周后会导致全株枯死。

（2）防治方法

①避免病圃连作，选排水好、地下水位低的地方为圃地，多雨地区采用高床育苗。

②每年晾土或换土 1 次。

③播种前用种子重量 0.3% 的退菌特或种子重量 0.1% 的粉锈宁拌种，或用 80% 的 402 抗菌剂乳油 2 000 倍液浸种 5 h。

④用 1% 的硫酸铜或甲基托布津可湿性粉剂 500～1 000 倍液浇灌病树根部，再用消石灰撒入苗颈基部及根际土壤，或者用代森铵水剂、可湿性粉剂 1 000 倍液浇灌土壤，对病害均有一定的抑制作用。

⑤及时挖除，集中烧毁。

四、主要虫害防治

1. 核桃举肢蛾

属鳞翅目，举肢蛾科。又称核桃黑。在华北、西北、西南、中南等核桃产区均有发生，太行山、燕山、秦巴山及伏牛山区的核桃产区发生更为普遍，果实被害率可达 30%～90%，是影响核桃产量与质量的主要害虫。

（1）形态特征

幼虫初孵时体黄白色，头黄褐色，体长 1.5 mm，老熟幼虫体长 7～13 mm，肉红色，头棕黄色。蛹纺锤形，初为黄色，近羽化时为深褐色。茧长椭圆形略扁平，褐色，长 7～10 mm。成虫体黑褐色，有金属光泽，复眼红色(图 7-10)。

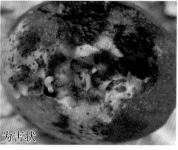

成虫　为害状

图 7-10　核桃举肢蛾及为害状

(2)防治方法

①冬季土壤结冻前彻底清除树下枯枝落叶与杂草，刮除树干基部翘皮，集中烧毁，并翻耕土壤，消灭越冬幼虫。

②采果至土壤封冻前或翌年早春进行树下耕翻，深度约为 15 cm，结合耕翻可在树冠下地面上撒施 5%的辛硫磷粉剂，每公顷用 30 kg。

③成虫羽化前树盘覆土 2～4 cm，阻止成虫出土，或每株树冠下撒 25%西维因粉 0.1～0.2 kg 杀成虫。

④7 月上旬幼虫脱果前拣拾落果和摘除被害果，深埋杀灭幼虫。

⑤自成虫产卵期开始，每隔半月向树上喷 1 次 25%的西维因 600 倍液，或敌杀死 5 000 倍液、40%的乐果乳油 800～1 000 倍液，连喷 3～4 次。

⑥6 月每公顷释放松毛虫、赤眼蜂等天敌 450 万头，控制为害程度。

⑦郁蔽的核桃林，在成虫发生期使用烟剂熏杀成虫。

2. 木橑尺蠖

属鳞翅目，尺蠖蛾科。又称木橑步曲，俗称吊死鬼、小大头虫。主要为害核桃和木橑。大发生时，3～5 d 即可将树叶吃光，严重影响树势与产量。

(1)形态特征

卵扁圆形，绿色。幼虫有 6 个龄期，体色随幼虫发育渐变为草绿色、绿色、浅褐绿色或棕黑色，头部额面有 1 个深棕色"∧"形凹纹，成虫翅面有灰色和橙色斑点，前翅基部有 1 个近圆形黄棕色斑纹，前后翅的中央各有 1 个浅灰色斑点。

(2)防治方法

①落叶后至结冻前，早春解冻后至羽化前，结合整地组织人工挖蛹。

②5～8 月成虫羽化期，晚上烧堆火或设黑光灯诱杀。

③各代幼虫孵化盛期喷 90％的敌百虫 800～1 000 倍液、50％的辛硫磷乳油1 200倍液或 50％的马拉硫磷乳油 800 倍液。

④7～8 月释放赤眼蜂可对虫害起到控制作用。

3.核桃云斑天牛

属鞘翅目，天牛科。又称核桃大天牛、铁炮虫。主要为害核桃枝干，受害株树势减弱或死亡，是一种毁灭性害虫。除为害核桃树外，也可为害其他果树和林木。

（1）形态特征

卵长椭圆形，淡土黄色，弯曲略扁。幼虫黄白色，头扁平，前胸背面有橙黄色半月牙形斑块。成虫黑褐或灰褐色。触角鞭状。前胸背板有 1 对肾形白斑，两侧各具 1 大刺突。鞘翅上有 2～3 行排列不规则的似云片状白斑（图7-11）。

成虫 为害状

图 7-11　核桃云斑天牛及为害状

（2）防治方法

①晚上用黑光灯引诱捕杀，白天振动枝干使成虫受惊假死落地捕杀。

②产卵期在树干、主枝等处发现产卵刻槽，用硬器敲击，砸死卵或初孵幼虫。

③清除枝干上排泄孔中的虫粪、木屑，然后注射药液，或堵塞药泥、药棉球，并封口，毒杀幼虫。常用药剂有 80％的敌敌畏乳剂 100 倍液，50％的辛硫磷乳剂 200 倍液等。

④冬季或 5～6 月成虫产卵后，用石灰 5 kg、硫黄 0.5 kg、食盐 0.25 kg、水 20 kg 充分拌匀后涂刷树干基部，能防治成虫产卵，杀死幼虫。

⑤7～8 月间在产卵刻槽上喷 50％的杀螟乳剂 400 倍液，毒杀卵及初孵幼虫。

4. 核桃瘤蛾

属鳞翅目，瘤蛾科。又称核桃毛虫。以幼虫为害核桃树叶的一种突发性暴食害虫。为害严重时可将树叶吃光，造成二次发芽、树势极度减弱，导致次年大批枝条枯死。

（1）形态特征

卵扁圆形。初产为乳白色，后变为黄褐色。幼虫6～7龄，体色灰褐，体毛明显。老熟幼虫体形短粗而扁，头暗褐色，成虫前翅前缘基部及中部有2块明显的黑斑。

（2）防治方法

①利用幼虫白天在树皮缝隐蔽和老熟幼虫下树作茧化蛹的习性，在树干上绑草诱杀。

②于6月上旬至7月上旬成虫大量出现期间设黑光灯诱杀。

③秋冬刮树皮、刨树盘及土壤深翻，消灭越冬蛹茧。

④6～7月幼虫发生期，喷施95％的敌百虫1 000～2 000倍液，或50％的敌百虫800～1 000倍液。

⑤保护利用自然天敌，释放赤眼蜂。

5. 草履介壳虫

属同翅目，绵蚧科。又称草鞋蚧、草鞋介壳虫。以若虫和雌成虫的刺吸口器插入嫩枝皮和嫩芽内吸食汁液，影响发芽和树势，导致枝条干枯死亡。

（1）形态特征

卵椭圆形，初产时黄白色，渐呈赤褐色。若虫体小色深。雄蛹圆锥形，淡红紫色，外被白色蜡状物。雌成虫无翅，体长10 mm，扁平椭圆，背面隆起似草鞋，黄褐至红褐色，疏被白蜡粉。雄成虫紫红色，头胸黑色，腹部深紫红色(图7-12)。

图7-12　草履介壳虫

（2）防治方法

①冬季结合刨树盘，挖除在根颈附近土中越冬的虫卵。

②早春若虫将上树前，树干基部涂 6～10 mm 宽的粘胶环，阻止并杀死上树若虫。粘虫胶可用等份的废机油与棉油泥或石油沥青加热熔化搅匀直接使用。

③早春若虫上树前，用 6％的柴油乳剂喷根颈部表土。

④在核桃发芽前喷 3～5°Bé 石硫合剂，发芽后喷 40％的乐果 800 倍液。

⑤保护红缘瓢虫、大红瓢虫等天敌。

6. 核桃横沟象

属鞘翅目，象甲科。又称核桃黄斑象甲、核桃根象甲。在河南西部，陕西商洛，四川绵阳、平武、达县、西昌，甘肃陇西，云南漾濞等地均有发生。主要以幼虫在根颈部韧皮层中串食（常与芳香木蠹蛾混合发生）为害，使养分、水分的吸收输导受阻，轻者树势减弱、产量下降，重者全株枯死。

（1）形态特征

卵椭圆形，初产乳白色，逐渐变为黄色至黄褐色。幼虫长黄白色，肥壮，向腹面弯曲，头部棕褐色，口器黑褐色。蛹为裸蛹，黄白色。成虫全体黑色，头管约占体长 1/3，触角着生在头管前端。前胸背板密布不规则点刻。

（2）防治方法

①用斧砍破根颈部皮层，用敌敌畏 5 倍液或 50％的磷胺 50～100 倍液重喷根颈部，然后封土，杀虫效果显著。

②5～6 月成虫产卵前，将根颈部土刨开，用浓石灰浆涂封根际，防止成虫产卵。

③5～8 月成虫发生期和越冬前，于根颈部捕捉成虫，或在 5～8 月成虫发生期树上喷 50％的三硫磷乳油，或 82％的磷胺乳油 1 000 倍液，可兼治举肢蛾。

④集中成片的核桃园（林），于成虫发生期每公顷用 15～22.5 kg "741" 插管烟雾剂，流动放烟，熏杀成虫。

⑤注意保护伯劳、白僵菌和寄生蝇等横沟象的天敌。

7. 芳香木蠹蛾

属鳞翅目，木蠹蛾科。又称杨木蠹蛾，俗称红虫子。幼虫群集为害树干根颈部的皮层，老熟幼虫可蛀食木质部，环状蛀食，严重破坏树干基部及根系的输导组织，受害轻者树势衰弱、产量下降，重者整枝或全株枯死。

（1）形态特征

卵椭圆形或近卵圆形，初产为白色，孵化前暗褐色。卵表有纵行隆脊。老熟幼虫体粗扁平，头紫黑色，体背紫红色。大龄幼虫体背紫红色，侧面黄红色，头部黑色。前胸背板淡黄色，有 2 块黑斑，体粗壮。蛹暗褐色，长 30～40mm。成虫体翅灰褐色，前翅上遍布不规则的黑褐色横纹。

（2）防治方法

①伐除虫源树，并结合秋季整形修剪锯掉有虫枝烧毁。

②6～7 月设黑光灯诱杀。

③敲击树干根颈部，若有空响声，可撬开树皮捕杀幼虫。

④结合刨树盘和土壤深翻，挖出虫茧。

⑤6～7 月产卵期根颈部喷 40% 的乐果乳油 1 500 倍液，2.5% 的溴氰菊酯或 20% 的杀灭菊酯 3 000～5 000 倍液，杀死初孵幼虫。

⑥幼虫为害期，用 40% 的乐果 20～50 倍液注、喷入虫道内，并用湿泥土封严，毒杀幼虫。

⑦注意保护和利用啄木鸟等天敌。

8. 桃蛀螟

属鳞翅目，螟蛾科。又称桃蠹螟、桃实心虫、核桃钻心虫。是为害多种果树和农作物的杂食性害虫，以幼虫蛀食核桃果实，或将种仁吃空，严重影响核桃的产量与质量。

（1）形态特征

卵椭圆形，稍扁平，初产乳白色，后渐变为桃红色。老熟幼虫，头部暗黑色，胸腹部颜色多变化，头及前胸背面为深褐色，成虫全身橙黄色，散生黑色小斑。

（2）防治方法

①冬季刮树皮、树干涂白，收集烧毁残枝、落叶，清除越冬寄主，消灭越冬幼虫。

②5～8 月在核桃集中栽培的地方设置黑光灯或用糖醋液诱杀成虫。

③采摘和拣拾虫果集中深埋，消灭果内幼虫。

④5～6 月越冬代成虫产卵和第 1 代幼虫初孵期，分别喷 40% 的乐果乳油 1 500 倍液或 50% 的三硫磷乳油 1 000 倍液。

9. 核桃果象甲

属鞘翅目，象甲科。又称核桃果象甲。以成虫为害果实为主，有时也食害幼芽和嫩枝，严重时致果皮干枯变黑、果仁发育不全，成虫产卵于果中，造成大量落果，甚至绝收。

（1）形态特征

卵椭圆形，初产卵为乳白色或浅黄色、半透明，后变黄褐色至褐色。幼虫蠕虫式，体弯曲，头棕色，体肥胖，老熟时黄褐色。蛹初乳白色，后变为土黄色。成虫体长 9.5～11 mm，宽 4.4～4.8 mm，鞘翅被较密鳞片，基部上各具有 11 条凹沟。

（2）防治措施

①拣拾落果和摘除虫果，集中焚毁或入坑沤肥，消灭幼虫和羽化未出果的成虫。

②成虫盛发期，利用成虫假死性进行人工振树，同时树冠下喷杀虫粉剂，被振落的成虫接触药剂而死。

③在越冬成虫出现到幼虫孵化阶段，用每毫升含 2 亿个孢子的白僵菌液，或 50% 的辛硫磷乳剂 1 000 倍液，阻止幼虫孵化。

④在成虫盛发期喷施 2.5% 溴氰菊酯乳油 8 000 倍液，或 2.5% 的功夫（PP321）8 000 倍液、80% 的敌敌畏乳油 1 000 倍液。

10. 核桃小吉丁虫

属鞘翅目，吉丁虫科。以幼虫在 2～3 年生枝条皮层中呈螺旋形串食为害，被害处膨大，破坏输导组织，致使枝梢干枯、树势衰弱，严重者全株枯死。

（1）形态特征

卵扁椭圆形，初产白色，1 d 后变为黑色。幼虫扁平，乳白色；头棕褐色，缩于第 1 胸节内；胸部第 1 节扁平宽大，背中央有 1 褐色纵线，腹末有 1 对褐色尾刺。蛹为裸蛹，乳白色。成虫黑色，有铜绿色金属光泽。

（2）防治方法

①加强核桃园综合管理、增强树势是防治核桃小吉丁虫的有效措施。

②剪除虫害枝烧毁，消灭幼虫及蛹。

③发现枝条上有月牙状通气孔，随即涂抹 5～10 倍乐果，消灭幼虫。

④6～7 月成虫羽化期，喷敌杀死 5 000 倍液，25% 的西维因 600 倍液，或 50% 的磷胺乳油 800～1 000 倍液，兼有防治举肢蛾等害虫的作用。

⑤释放寄生蜂降低越冬虫口数量。

11. 黄须球小蠹

属鞘翅目，小蠹科。又称核桃小蠹虫。成虫食害新梢上的芽，受害严重时整枝或整株芽被蛀食，造成枝条枯死。该虫常与核桃小吉丁虫混合发生，严重影响生长发育，致使枝梢和顶芽大量枯死，造成减产甚至绝收。

（1）形态特征

卵近椭圆形，初产白色，后变黄褐色。幼虫椭圆形，乳白色，背面弓曲，头小，口器棕褐色，尾部排泄孔附近有 3 个"品"字形突起。蛹为裸蛹，圆球形，初产乳白色，羽化前黄褐色。成虫椭圆形，初羽化为黄褐色，后变黑褐色，鞘翅有点刻组成的纵沟 8～10 条。

（2）防治方法

①增强树势，提高抗虫力。

②采果后到落叶前，剪除虫枝集中烧毁；4～6月核桃发芽后至羽化前，剪除病枝、虫枝及受冻等造成生长不良的枝条烧毁，可基本控制该虫为害。

③越冬成虫产卵期，将半干核桃枝条挂在树上作饵枝，诱集成虫产卵，6月中旬成虫羽化前将饵枝全部取下烧毁。

④6～7月成虫出现期，每隔10～15 d喷1次25％的西维因600倍液，或敌杀死5 000倍液、50％的磷胺800～1 000倍液，有兼治举肢蛾、瘤蛾、刺蛾的效果。

12. 刺蛾类

黄刺蛾、绿刺蛾和扁刺蛾均属鳞翅目，刺蛾科。又称洋辣子、毛八角、刺毛虫等。幼虫群集为害叶片，将叶片吃成网状，或将叶片吃光，仅留叶片主脉和叶柄，是核桃叶部的重要害虫。幼虫体毒毛触及人体，会刺激皮肤发痒、发痛。

（1）形态特征

黄刺蛾：成虫，头和胸部黄色，腹部背面黄褐色，前翅内半部为黄色，外半部为褐色，有2条暗褐色斜线，在翅尖上汇合于1点，呈倒"V"字形。卵椭圆形、扁平、黄绿色。老熟幼虫，头小，胸、腹部肥大，黄绿色（图7-13）。蛹椭圆形，黄褐色。茧灰白色。

图7-13 核桃黄刺蛾幼虫

绿刺蛾：成虫头顶、胸、背绿色。卵扁平光滑，椭圆形，浅黄绿色或黄白色酷似树皮。老熟幼虫略呈长方形，初黄色，稍大为黄绿至绿色，头小，黄褐色，缩于前胸下。蛹椭圆形，黄褐色。

扁刺蛾：雌蛾体褐色，前翅灰褐稍带紫色，顶角处斜向1条褐色线至后缘。老熟幼虫较扁平，椭圆形，全体绿色或黄绿色，体边缘两侧各有10个瘤状突起，其上生有刺毛。蛹近椭圆形，初为乳白色，羽化前转为黄褐色。

（2）防治方法

①9～10月或冬季挖树盘等消除越冬虫茧和蛹。

②用黑光灯诱杀。

③初龄幼虫多群集于叶背面为害，应及时摘除虫叶。

④保护或释放天敌，如上海青蜂、姬蜂、螳螂等。

⑤严重发生时，喷施苏云金杆菌（Bt）500倍液，或90%的晶体敌百虫、50%的辛硫磷乳油1 000倍液等。

五、农药使用标准和要求

生产优质、安全果品的果园，应禁止使用剧毒、高毒、高残留和致畸、致癌、致突变的农药，提倡使用高效、低毒、低残留的无公害农药。使用农药时要注意用药安全，尽量采用低毒高效、低残留农药，以降低残留与污染，避免对生态平衡的破坏，保证防治效果。并要求耐雨水冲刷，充分发挥药效，尽量减少用药次数。选用农药时应注意有效成分的选择使用，不要被各种诱人的名称和功效所困惑。选用混配农药时，既要注意发挥不同类型药剂的作用，又要避免产生负面作用。使用农药应有长远和全局观点，不能只顾眼前和局部利益。

使用化学方法防治病虫害时要注意以下几点：

①应注意严格执行农药品种的使用准则，禁用高毒、高残留、高致病农药，有节制地使用中毒低残留农药，优先采用低毒低残留或无污染农药。

②用科学正确的方法使用农药，严格执行安全用药标准，通过对症下药、选择作用机理不同的几种农药交替使用，提高防治效果。

③依据病虫测报科学用药。在充分衡量人工防治难度和速度、天敌生物控制及物理防治的可行性基础上，做出准确的测报依据，依此确定用药种类和施药方法。

第七节　核桃园评价

一、评价目的

近年我国的核桃产业发展很快，新品种利用率不断提高，栽培面积不断增加，管理技术不断更新，生产投入意识不断增强，产量和品质不断提升，核桃产业步入了管理集约、技术规范、产品优质的新阶段。但因各地生态环境、管理条件和技术水平差别较大，生长结果情况参差不齐，产量和经济效益相差悬殊，即使种植同一优良品种，因园地选择和管理技术水平不同而表现在群体和单株产量和质量方面存在显著差别。

为了提高和促进我国核桃产业持续、健康发展，提高管理水平，推动和促进我国核桃产业向更高的层次迈进，兹提出优质丰产高效益核桃园的评价内容和条件，供各地参考。

二、评价内容

1. 全园面貌

①树龄基本一致，园貌整齐，树体健壮，长势中等，群体结构良好。

②品种正确，主栽品种与授粉品种配置适宜。

③栽植密度符合立地条件、品种特性和管理水平，行间光照充足。

④株间通风透光良好，行间枝条交接低于 20%。

⑤叶片和果实完好率在 85% 以上，叶片肥厚浓绿，果实分布均匀。

⑥行间种植矮秆间作物和绿肥作物，通风透光良好。

⑦土肥水管理符合核桃生长的结果特性和需求。

⑧病虫防治以绿色防控为主，不用高毒、高残留化学农药。基本不用化学除草剂。

2. 植株表现

①树体骨架结构符合品种特性和树形基本要求。

②枝条种类配比适宜，疏密合理，内膛光照良好。

③外围新梢分布适宜，长势中等、粗壮。

④主侧枝数量和分枝角度符合树形和树体结构要求。

⑤叶片和果实完好率达 90% 以上。

⑥主侧枝中后部以结果为主，80% 的结果枝连年结果。

⑦树盘(树冠投影)土壤疏松，树干光滑完好。

参 考 文 献

[1] 张志华，罗秀钧. 核桃优良品种及其丰产优质栽培技术 [M]. 北京：中国林业出版社，1998.

［2］潘刚.西藏核桃主产区核桃品质特征及栽培技术［C］//赵志荣，王根宪.第二届中国核桃大会暨首届商洛核桃节论文集.杨凌：西北农林科技大学出版社，2009：86-93.

［3］河北农业大学.果树栽培学［M］.北京：中国农业出版社，1987.

［4］陕西果树研究所.核桃［M］.北京：中国林业出版社，1980.

［5］李中涛，李永洋.核桃芽发育特性的研究［J］.园艺学报，1965(2).

［6］张志华，高仪，王文江，等.核桃雌雄异熟性研究［J］.园艺学报，1993(2).

［7］张志华，高仪，王文江，等.核桃光合特性的研究［J］.园艺学报，1995(4)：319-323.

［8］王贵.核桃丰产栽培实用技术［M］.北京：中国林业出版社，2010.

［9］杨雄，阮家林，谢俊峰，等.核桃良种丰产园营建技术［J］.陕西林业科技，2005(3)：88-89.

［10］毛向红，孙震.优种核桃建园及幼树管理技术［J］.河北林业科技，2002(6)：34-38.

［11］梁华，彭立健.不同间作模式及管理措施对核桃幼林生长的影响［J］.山东林业科技，2007(1)：54-55.

［12］张志华，王红霞，赵书岗.核桃安全优质高效生产配套技术［M］.北京：中国农业出版社，2009.

［13］龙兴桂.现代中国果树栽培［M］.北京：中国农业出版社，2000.

［14］侯立群.核桃栽培实用技术［M］.济南：山东科学技术出版社，2012.

［15］吕赞韶，王贵，高中山.核桃新品种优质高产栽培技术［M］.太原：山西高校联合出版社，1993.

［16］郗荣庭，张毅萍.中国核桃［M］.北京：中国林业出版社，1992.

［17］雷蒙斯 D E.核桃园经营［M］.北京：中国林业出版社，1990.

第八章　果实采收及采后增值处理

果实采收和采收后的商品化处理，是实现优质、高效益的重要环节，也是产品增值和进入商品市场的最后一道管理程序。核桃果实采收期对坚果品质有重要的影响，又因品种不同、地域不同、用途不同，果实适宜采收期有所差别。采收后果实脱青皮，坚果清洗，坚果干燥、贮藏、分级、包装等环节，是提高坚果的商品性状、产品价值和市场竞争力的重要措施，各主产国都非常重视。

第一节　采收适宜时期

一、不同产地和品种的采收适期

核桃果实成熟的外部特征是：青果皮由绿变黄，部分顶部出现裂纹，或青果皮容易剥离（图 8-1）。内部成熟特征是：种仁饱满、幼胚成熟、子叶变硬、风味浓香。核桃在成熟前 30 d 左右果实和坚果大小基本稳定，但种仁重量、出仁率与脂肪含量均随采收时间适宜推迟而呈递增趋势（表 8-1，表 8-2）。不同的品种和不同的用途要求的采收期不同，通常 1 株树上的果实青皮裂口达 1/3 时，即为适宜采收期。

图 8-1　核桃果实成熟

表 8-1　采收期对核桃果实产量和品质的影响（河北农业大学，1983 年）

项目	采收日期（日/月）				
	24/8	28/8	1/9	5/9	9/9
坚果平均重/g	10.9	10.8	11.1	11.6	11.7
青果皮干重/g	1.9	1.9	1.9	2.1	2.1
壳皮干重/g	5.0	4.9	4.9	5.0	4.9
果仁重/g	4.0	4.0	4.3	4.5	4.7
出仁率/%	44.5	44.7	46.7	47.8	48.8

从 8 月 24 日到 9 月 9 日坚果平均重量增加 7.3%，果仁增重 17.5%，出仁率增加 4.3%，青果皮与壳皮重量变化甚微。河南省林业研究所 1980—1982 年的研究，8 月 20 日至 9 月 19 日分 7 次采收，测定结果表明，出仁率平均每天增加 1.8%，脂肪增加 0.97%（8 月 15～25 日，10 d 内平均每天增加 2.13%）。如果提前采收 15 d，产量将损失 10.64%，果仁损失 23.27%。

1991—1992 年云南省漾濞县河西乡光明村公所鸡茨坪社，对大泡核桃进行采收期调查，结果见表 8-2。

表 8-2　不同采收期对大泡核桃产量和品质的影响

项目	采收日期（日/月）				
	2/9	7/9	12/9	17/9	22/9
平均单果重/g	11.94	11.77	13.67	13.73	14.10
平均果仁/g	6.22	6.36	7.65	7.70	7.94
壳皮厚度/mm	0.8	0.8	0.8	0.8	0.8
果仁饱满度	不饱满	饱满差	较饱满	饱满	饱满
出仁率/%	52.09	54.04	55.96	56.08	56.31
脂肪/%	63.28	65.09	68.01	68.27	71.21

采收太早，青皮不易剥离，种仁尚不饱满，单果重、仁重、出仁率和含油率均明显不足，使产量和品质均受到严重损失；采收过晚，则果实容易脱落，落地果在阳光照射的一面坚果硬壳及种皮颜色变深，商品质量降低，也容易受霉菌感染，使坚果品质下降。

核桃果实的成熟期，因品种和产地气候条件不同而异。早熟与晚熟品种之间果实成熟可相差 10～25 d。我国北方地区核桃的成熟期多在 9 月上旬至中旬，南方地区相对早些。同一品种在不同产区的成熟期有所差异，如辽宁 1

号核桃在辽宁大连地区 9 月中、下旬成熟，但在河北保定地区 9 月上、中旬即达成熟。同一地区，平原区较山区成熟早，阳坡较阴坡成熟早，干旱年份较多雨年份成熟早。

我国核桃"掠青"早采现象较为普遍。各产区的调查结果表明，核桃的采收期提前 10~15 d，产量将损失 8% 左右，按我国 2010 年产量 106 万 t 计，每年因早采收损失 8 万~9 万 t。此外，早采收也是坚果品质下降的主要原因之一。因此，适时采收是增加产量和提高坚果质量的一项重要措施，应该引起主管部门和果农的足够重视。

二、不同用途品种的采收期

（1）干制核桃

根据不同采收期种仁内含物变化的测定结果，应在青皮变黄、部分果实出现裂纹、种仁硬化时采收。

（2）鲜食核桃

鲜食核桃是指果实采收后保持青鲜状态时，食用鲜嫩种仁。鲜食核桃应早于干制核桃采收，应在果实青皮开始变黄、种仁含水量较高、口感脆甜时采收。

（3）油用核桃

油用核桃的种仁含油率、坚果出仁率和成熟度有密切关系。因此，应选种适宜油用品种，采果期应在果实充分成熟、种仁脂肪含量最高时采收。

澳大利亚的核桃果实采收期通常在 3 月底至 5 月初。因为果实青皮成熟晚于坚果，青皮显现成熟时，坚果已达过熟，影响果仁品质。故多提前 5~10 d 采收，可获得浅色果仁。采收方法有：

①按不同的成熟期实行分期采收。

②树上喷施乙烯利，促进果实成熟一致，实行机械采收。

③机械采收可提高生产效率，保证果实品质。主要采用美国、加拿大和本国生产的振动落果机、清扫集条机和拣拾清选机。

三、采收方法

核桃果实采收方法有人工采收法和机械振动采收法 2 种，我国普遍采用人工采收法。人工采收是在果实成熟时，用木杆或竹竿敲击果枝或直接敲落果实，然后收集落地果集中处理。机械振动采收法是先进国家采收核桃果实的方法。于采收前 10～20 d 在树上喷布 500～2 000 μg/g 的乙烯利催熟，然后用机械振动树干（图 8-2），使果实振落于树下承接果实的收集箱。2 种采收方法均应在采果前将地面早落果、病果、虫果和残伤果等拣拾干净，并做妥善处理。打落的果实应剔除病虫果，并将完好青皮果和青皮破伤果分别放置和处理。

图 8-2　机械采果

第二节　脱青皮及坚果干燥处理

一、堆沤脱青皮

堆沤法是脱青皮的传统方法。将采摘的核桃果实堆沤 7 d 左右，待堆内青皮腐烂后进行人工去青皮和清洗污物。此法虽然简单易行，但脱青皮后约有 46.7％的坚果表面污染变黑，30.6％的坚果表面有局部污染，核仁变质率达 7％以上。为使坚果表面洁净，还需漂白消除表面污染，但这易对坚果造成二次污染，不符合无公害食品的生产要求。

二、乙烯利脱青皮

此方法是我国主产区广泛使用的脱青皮方法。可先在采后的核桃果实表面喷洒乙烯利，或用浓度为 3‰～5‰的乙烯利浸果 1 min，然后堆成直径为 50 cm 左右的果堆，上面覆盖塑膜 2～3 d，脱青皮率可达 95％。此方法比堆沤法脱皮快，仅少量坚果表面有局部污染，核仁变质率约为 1.3％。

三、冻融脱青皮

此法是利用冷冻和融化交替的方法去除青皮。方法是：将采摘、挑选后的鲜核桃进行 -25～-5℃低温冷冻，待核桃青皮冻透后，再升温至 0℃以上融化。待核桃青皮开裂和流汁软化后，通过人工拍打、翻动和揉搓等方法去掉青皮。冻融后使用机械剥离速度快、剥离率高，可实现流水作业。

四、机械脱青皮

用机械剥青皮可加一定量的清水，配合清洗工序一并进行。该方法脱皮快、脱皮率高、没有污染。剥离青皮后的坚果用清水去除壳表面的青皮残渣（图 8-3，图 8-4）。

图 8-3　机械脱青皮

图 8-4　机械清洗坚果

脱青皮是通过转磨盘和硬钢丝刷揉搓，使青皮与坚果脱离，应在采果后 1～2 d 内完成，以防果仁变质；坚果清洗是将坚果放入回转式圆筒筛并导入清水进行清洗，如需漂洗，可用 2% 的次氯酸钠溶液漂洗；坚果干燥是使坚果达到合适的水分含量，防止坚果发霉和仁色变深，有利于长期贮藏，坚果干燥要求坚果含水率达到 3%～4%，可贮藏 1 年；坚果破壳与坚果的大小、形状和壳厚度有关，破壳前需对坚果按照大小分级。果壳含水率对破壳率和果仁完整率有直接影响，所以在破壳前需将果壳含水率从 3.5% 左右增加到 6.5%，再放置 24 h 后用自动破壳机破壳。破壳机有美国生产的 Mever 人工辅助破壳机和 MDI 公司生产的 Quantz Cracker 破壳机 2 种，破壳能力为 600～950 个/min（不需要人工辅助）。

五、坚果干燥

脱掉青果皮和洗净表面的坚果，应尽快进行干燥处理，以提高坚果的质量和耐贮运能力。坚果干燥方法主要有场院晾晒和设备烘干 2 种方式。

场院晾晒是在天气晴朗的条件下，将清洗过的坚果在露天场院阳光下晾晒，以促进坚果内部水分蒸发，降低坚果和果仁的含水率。也可摊放在通风透气的层架上分层晾晒，可以扩大晾晒空间。坚果摊放的厚度不要超过2层，并应及时翻动（图8-5）。

设备烘干是应对南方采收期阴雨天气较多，北方秋雨连绵不断，不利于核桃坚果脱水干燥的措施。坚果烘

图8-5　坚果场院晾晒

干可利用烘干房（图8-6）、热风烘烤设备等，加速坚果脱水干燥。烘干房的容积和面积依烘干坚果多少而设计，热风烘烤主要用热气发生炉和鼓风机，使热风在烘干箱内循环，将水分和湿气排出箱外。烘干设备的热源有电热加温、燃煤加温、木柴加温等。设备烘干的温度均应控制在30～40℃，最高不能超过45℃，以免种仁变质。

图8-6　坚果烘干房

坚果干燥度的判断方法是：种仁含水率为6%～7%，坚果的内横隔易折断，果仁酥脆，坚果碰撞的声音响脆。

澳大利亚核桃采收后的加工工艺流程是：青皮果→脱青皮→坚果清洗（漂洗）→坚果干燥→坚果分级→破果壳→果仁分级→包装。

第三节　鲜食核桃冷藏及坚果贮藏

一、鲜食核桃冷藏

鲜食用核桃是当今时令食品中的新类型，颇受市场和年轻人的欢迎。方法是：将新鲜核桃脱除青皮，然后洗净、晾干，按批次、等级放入－20～－10℃的低温冷冻库中保藏。根据保鲜时间长短确定冷藏温度，2～5个月后

出库果采用－10℃左右冷藏，有 6 个月以上的保鲜期，采用－18℃以下的冷藏温度。鲜食核桃在－18℃以下的温度环境中，其新鲜品质保持不变，可实现周年供应。鲜食核桃出库后，在贮藏保鲜期内既可放在市场冷冻货架销售，也可用家庭冰柜或冰箱保鲜。超市在温度－5℃以下冷柜中的货架期为 2 个月以内，家庭放在－10℃以下的冰箱或冰柜中的保鲜期可达数月。温度越低，贮藏保鲜的时间越长。

西安植物园和西北农林科技大学的高书宝、高国宝等通过对核桃青果保鲜技术的研究认为：采果期延迟，果实和仁鲜重均呈递减趋势；采后青果自然存放时间与失水率呈正相关；低温(5℃)密封可明显减少青果的水分损失，降低呼吸率，可保存 40 d 以上；青果整体完好有利于延长保鲜期。

二、坚果贮藏

核桃坚果适宜的贮藏温度为 1～3℃。坚果的含水量宜低于 7%。

(1)室内干藏

将晾干的核桃装入有小孔的粗布袋或麻袋中，放在干燥通风的室内贮藏。此法适于少量、短期存放。应防止夏季潮湿、霉烂、虫害和变味。

(2)低温贮藏

长期贮存少量坚果，可将坚果封入聚乙烯袋中，置于 0～5℃的冰箱中，可保持良好品质 2 年以上。长期、大量贮存时，可用麻袋包装，贮存在 0～1℃的低温冷库中。大量的坚果应采用冷库贮藏。资料显示，在 0～1℃温度、O_2 浓度为 2%～3%、CO_2 浓度为 15%～20%、相对湿度为 50%～60%的条件下，可保存 1 年不变质。

(3)薄膜帐贮藏

在无冷库的地方可采用塑料薄膜帐密封贮藏核桃。做法是：选用厚 0.2～0.23 mm 的聚乙烯膜做成帐袋，其大小和形状可根据存贮量和仓储条件而定，秋季将晾干的核桃入帐。北方冬季气温低、空气干燥，可暂不密封，待翌年 2 月下旬气温逐渐回升时密封。帐内空气湿度应低于 50%，防止密封后坚果变质。南方秋末冬初气温较高，空气湿度大，核桃入帐时必须在帐内加吸湿剂后密封，以降低帐内湿度。当春末夏初气温升高时，可在密封的帐内充 CO_2 或充 N_2 来降低帐内 O_2 浓度(2%以下)，以抑制呼吸、减少损耗，防止霉烂、酸败及虫害发生。帐内 CO_2 达到 50%以上或充 N_2 1%左右效果较为理想。

核桃贮藏过程中如有鼠害和虫害发生，可用溴甲烷(40～56 g/m²)熏蒸冷库 3～10 h，或用二硫化碳(40.5 g/m²)密封 18～24 h，杀鼠和除虫效果良好。

第四节　坚果及果仁分级和包装

一、坚果分级及安全指标

（1）分级的意义

核桃坚果分级是适应国际市场和国内市场需要、实行优级优价、保证商品质量、执行产品标准化、市场规范化的重要措施，也是产品市场竞争的需要。

（2）分级标准

在国际市场上，核桃商品坚果的价格与坚果的大小和质量有关，坚果越大价格越高。我国核桃坚果出口的标准是：坚果直径 30 mm 以上为一等，28～30 mm 为二等，26～28 mm 为三等。近年我国开始组织出口直径为32 mm 的商品核桃。出口核桃坚果除以果实大小作为分级的主要指标外，还要求坚果壳面光滑、洁白，核仁干燥（核仁水分不超过 4%），杂质、霉烂果、虫蛀果、破裂果总计不许超过 10%。

2006 年国家标准局发布的《核桃坚果质量等级》国家标准中，以坚果外观、单果平均重量、取仁难易、种仁颜色、饱满程度、核壳厚度、出仁率及风味 8 项指标，将坚果品质分为 4 个等级（表 8-3）。

表 8-3　核桃坚果不同等级的品质指标（GB/T 20398—2006）

项目		特级	I 级	II 级	III 级
基本要求		坚果充分成熟，壳面洁净，缝合线紧密，无露仁、虫蛀、出油、霉变、异味等 无杂质，未经有害化学漂白处理			
感官指标	果形	大小均匀，形状一致	基本一致	基本一致	
	外壳	自然黄白色	自然黄白色	自然黄白色	自然黄白或黄褐色
	种仁	饱满，色黄白，涩味淡	饱满，色黄白，涩味淡	较饱满，色黄白，涩味淡	较饱满，色黄白或淡琥珀色，稍涩

续表

项目		特级	I级	II级	III级
物理指标	横径/mm	≥30.0	≥30.0	≥28.0	≥26.0
	平均果重/g	≥12.0	≥12.0	≥10.0	≥8.0
	取仁难易度	易取整仁	易取整仁	易取1/2仁	易取1/4仁
	出仁率/%	≥53.0	≥48.0	≥43.0	≥38.0
	空壳果率/%	≤1.0	≤2.0	≤2.0	≤3.0
	破损果率/%	≤0.1	≤0.1	≤0.2	≤0.3
	黑斑果率/%	0	≤0.1	≤0.2	≤0.3
	含水率/%	≤8.0	≤8.0	≤8.0	≤8.0
化学指标	粗脂肪含量/%	≥65.0	≥65.0	≥60.0	≥60.0
	蛋白质含量/%	≥14.0	≥14.0	≥12.0	≥10.0

河北省将核桃坚果质量按基本要求、感官指标、理化指标和卫生指标分为3等10个分级指标项目(表8-4)。

表8-4　河北省核桃坚果质量分级指标(DB DB13/T482－2002)

项　目		指　标		
		优　等	一　等	二　等
基本要求		坚果充分成熟，壳面洁净，缝合线紧密，未经次氯酸钠漂白，无虫蛀、出油、霉变、异味等果，无杂质，坚果含水量≤8.0%		
感官指标	外壳	呈自然黄白色	呈自然黄白色	呈自然黄白色或黄褐色
	种仁	取仁容易，种仁饱满，仁色黄白，涩味淡	取仁容易，种仁饱满，仁色黄白，涩味淡	取仁较难，种仁饱满，仁色黄白或琥珀色，稍涩

项　目	指　标		
	优　等	一　等	二　等
理化指标　单果重/g	≥12	≥10	<10
壳厚度/mm	≤1.5	≤1.8	≤2.1
整齐度/%	≥95	≥93	≥90
出仁率/%	≥50	≥45	≥40
空壳果/%	≤1.0	≤2.0	≤3.0
破损果/%	≤0.1	≤0.2	≤0.3
黑斑果/%	≤0.1	≤0.2	≤0.3

云南大姚县为促进核桃产业发展、提升产业水平、保证产品质量，参考国家和行业标准及相关技术资料，结合大姚县产地环境和生产具体情况，制定出大姚县核桃（三台）坚果分级地方标准（表8-5）。通过几年试行，该县核桃生产的管理水平不断提高，坚果质量明显改善，农民收入不断增加。

表8-5　大姚(三台)核桃坚果分级标准(云南省地方标准 DB53/T273—2008)

项　目	特级	Ⅰ级	Ⅱ级
基本要求	坚果充分成熟，缝合线紧密，壳面洁净，无破损露仁、虫蛀、出油、霉变、变异等。无杂质，未经有害化学漂白处理		
感官指标　果形	大小均匀，形状一致	基本一致	基本一致
外壳	自然黄白色	自然黄白色	自然黄白色及少量黄褐色
核仁	饱满，黄白或浅白色	饱满，黄白色	饱满，黄白色
物理指标　横径/mm	≥30.0	≥29.0	≥28.0
平均果重/g	≥10.0	≥9.0	≥8.0
出仁率/%	≥53.0	≥48.0	≥45.0
破损果/%	≤0.1	≤0.1	≤0.2
含水率/%	≤8.0	≤0.8	≤0.8
空壳率/%	≤1.0	≤2.0	≤2.0

（3）坚果安全指标

①感官要求。根据中华人民共和国农业行业标准《无公害食品　落叶果

树坚果》（NY5307—2005)要求：同一品种果粒大小均匀，果实成熟饱满，色泽基本一致，果面洁净，无杂质，无霉烂，无虫蛀，无异味，无明显的空壳、破损、黑斑和出油等缺陷果。

②安全指标。应符合表8-6中各项指标的要求。

表 8-6　安全指标（NY 5307—2005)

项　目	指　标
铅(以 Pb 计)/(mg/kg)	≤0.4
镉(以 Cd 计)/(mg/kg)	≤0.05
汞(以 Hg 计)/(mg/kg)	≤0.02
铜(以 Cu 计)/(mg/kg)	≤10
酸价，KOH /(mg/kg)	≤4.0
过氧化值，当量浓度/kg	≤6.0
亚硫酸盐(以 SO_2 计)/(mg/kg)	≤100
敌敌畏(dichlorvos)/(mg/kg)	≤0.1
乐果(dimethoate)/(mg/kg)	≤0.05
杀螟硫磷(fenitrothion)/(mg/kg)	≤0.5
溴氰菊酯(deltamethrin)/(mg/kg)	≤0.5
多菌灵(carbendazim)/(mg/kg)	≤0.5
黄曲霉毒素 B_1/(μg/kg)	≤5

注：其他有毒有害物质的指标应符合国家有关法律、法规、行政规章和强制性标准的规定。

二、果仁分级

1. 分级的意义

核桃贸易主要有核桃仁和带壳核桃 2 种。1991 年以前带壳核桃的出口贸易量远高于核桃仁的贸易量。1994 年至今带壳核桃和核桃仁的出口贸易量在波动中持续增长，核桃仁的出口贸易量和增长速度快于带壳核桃的增长速度。2005 年核桃仁的出口贸易量开始超过带壳核桃的贸易量。实施和推广果仁分级标准，是提高我国核桃产品国际竞争力的重要前提。

2. 取仁方法

核桃取仁的方法分为人工取仁和机械取仁。

人工取仁是我国当前采用的方法，根据坚果 3 个方位壳皮强度的差异及核仁结构，选用缝合线与地面平行放置敲击较好，防止过猛和多次敲打增多碎仁。取出的果仁装入干净的容器中，待分级后包装。

机械取仁的方法有：离心碰撞式破壳法，此方法碎仁太多，应用很少；化学腐蚀破壳法，此法果仁易受污染腐蚀，处理不当会造成环境污染；超声波和真空破壳取仁法，设备昂贵，成本高，破壳效果不理想；定间隙挤压破壳法，此法应用较多，但由于核桃品种多样，坚果大小差异较大、形状不一，破壳取仁难度较大，还需手工辅助剥仁。

张志华等（1995 年）发明的小型核桃螺旋加压取仁器，加压均匀、简便实用，但工作效率较低，适宜于家庭使用。

3. 分级标准

（1）中国核桃仁质量分级

云南省核桃仁质量分级标准是，除整仁外，按果仁完整程度划分为 4 路（图 8-7、图 8-8）（摘自杨源《核桃采收加工技术图解》）。

①整仁，俗称"大蝴蝶"（不纳入分级）；

②半仁，俗称"头路"；

③1/4 仁，俗称"二路"；

④1/8 仁，俗称"三路"；

⑤碎仁，俗称"四路"。

整仁　　　半仁　　　1/4 仁　　　1/8 仁

图 8-7　果仁大小分级

图 8-8　碎仁

按果仁颜色和大小分为 10 级（俗称"路"）（图 8-9 至图 8-11，引自杨源的《核桃采收加工技术图解》）：

①白头路：1/2 仁，淡黄色；

②白二路：1/4 仁，淡黄色；

③白三路：1/8 仁，淡黄色；

④浅头路：1/2 仁，浅琥珀色；

⑤浅二路：1/4 仁，浅琥珀色；

⑥浅三路：1/8 仁，浅琥珀色；

⑦深头路：1/2 仁，深琥珀色；

⑧深二路：1/4 仁，深琥珀色；

⑨深三路：1/8 仁，深琥珀色；

⑩混四路：碎仁，不分颜色。

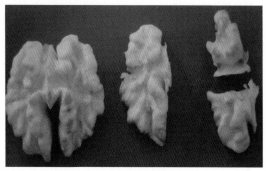

白头路　　　　　白二路　　　　　白三路

图 8-9　白色果仁分级

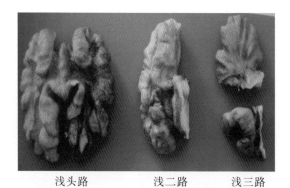

浅头路　　　　　浅二路　　　　　浅三路

图 8-10　浅色果仁分级

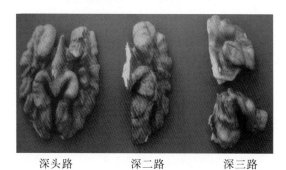

深头路　　　　　深二路　　　　　深三路

图 8-11　深色果仁分级

在国际市场中，白头路比浅头路售价约高120％，浅三路比深三路售价约高58％。另外，要求各级核桃仁中应无霉腐、虫蛀、异味、杂质和自然劣迹，含水率不超过5％。

（2）美国加州核桃仁大小和颜色分级

此分级标准是根据美国农业部（USDA）对核桃仁等级标准，同时参考行业使用的尺寸规格（美国加州核桃协会资料）划分。现将其主要内容摘录于后，仅供参考。

1）核桃仁大小规格（与中国分级对照）（图8-12）

①头路（半仁）（Halves）：完整半仁数量占总量87.5％以上，重量占75％。

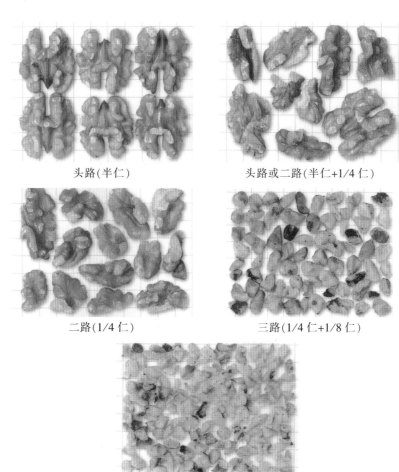

头路(半仁)　　　　　　　头路或二路(半仁+1/4仁)

二路(1/4仁)　　　　　　　三路(1/4仁+1/8仁)

四路(1/8仁+碎仁)

图8-12　美国核桃仁大小分级

②头路或二路(半仁+1/4仁)(Halves and pieces)：完整半仁数量占总量87.5%以上，其中1/5仁占总仁重50%。

③二路(1/4仁)(Pieces)：大部分仁为1/4仁。

④三路(1/4仁+1/8仁)(Midium pieces)：经常使用的常见规格。

⑤四路(1/8仁+碎仁)(Small pieces)：1/8仁和更小的仁块。

2) 核桃仁颜色规格(图8-13)

采用电子分选机根据果仁颜色分为：

①浅白：仁的深色部分面积<15%。

②白色：仁的深色部分面积<15%。深色部分比淡琥珀色浅。

③浅琥珀色：仁的深色部分面积<15%，其中2%的面积浅于琥珀色。

④琥珀色：琥珀色核桃仁<10%。

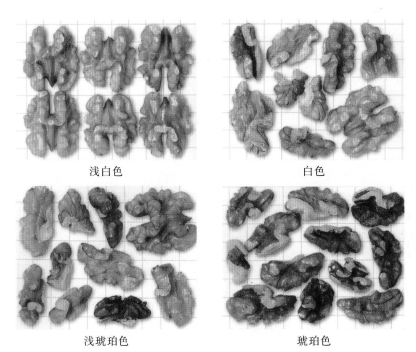

浅白色　　　　　　　　　　　　白色

浅琥珀色　　　　　　　　　　　琥珀色

图8-13　美国核桃仁颜色分级

4. 分级方法

我国核桃仁的分级方法主要是目测，按颜色级别手工分级。

美国核桃仁的分级采用电子分色分级机进行，不符合规定的核桃仁通过气流被剔除。

三、坚果及果仁包装

包装是指采用适当的包装材料、容器和包装技术，把坚果或果仁包裹起来，有利于在运输和贮藏过程中保持商品的原有状态和品质。包装不仅可以对产品起到保护作用，也是消费者对产品的视觉体验和企业形象定位的直接决定因素。包装设计具有建立品牌认知的行销作用，也就是利用包装设计呈现品牌信息，建立品牌识别，使消费者知道商品的品牌名称、品牌属性，进而建立品牌形象的关键措施。

1. 坚果包装

核桃坚果包装主要有纸箱包装、塑料袋包装、金属容器包装及麻袋包装。国内市场商品优质核桃坚果多采用封口塑料袋包装或外加礼品盒包装（图 8-14）。单件商品重量多在 2.5 kg 以内，主要面向超市及大型商场等场所。大宗商品采用麻袋包装，每袋重 20～25 kg，袋口缝严，在包装袋左上角标注批号。

图 8-14　坚果小包装

根据《产品质量法》和国家标准《预包装食品标签通则》（GB7718）规定，核桃坚果包装应注意以下 2 点：

（1）必须标注的内容

①必须采用表明核桃坚果真实属性的专用名称，不得使用引起消费者误解或混淆的名称。

②生产者的名称和地址应当和营业执照一致。属集团子公司、分公司及委托加工、联营生产的，按照《产品标识标注规定》的要求进行标注。

③产品标准号应标明产品的标准代号和顺序号，所标明的产品标准号应当合法有效。

④经检验证明为合格的产品，应当附有产品质量检验合格证明（可以是合格印、章、标签等）。

⑤生产日期(包装日期)、保质期(保存期)或失效日期应标注在显著位置，规范清晰，符合对比色的要求。

⑥实施市场准入的食品应按规定加贴 QS(食品质量安全市场准入)标志和食品生产许可证编号。实施工业产品生产许可证管理的产品应按规定标注生产许可证标记和编号。

(2)关于日期标示和贮藏说明

①应清晰地标示预包装食品的生产日期(或包装日期)和保质期，也可以附加标示保存期。如日期标示采用"见包装物某部位"的方式，应标示所在包装物的具体部位。

②日期标示不得另外加贴、补印或篡改。

③应按年、月、日的顺序标示日期。

2. 果仁包装

核桃仁是国内外市场消费量较大的干果商品之一，随着生活水平的逐渐提高，人们对核桃仁及其加工产品的需求也越来越多。果仁的包装是消费者了解产品、选择产品及使用产品的重要依据。各种形式的包装愈来愈丰富多彩，如盒装、罐装、袋装、瓶装等。

核桃仁出口要求按等级用纸箱或木箱包装(图 8-15)，每箱核桃仁净重为20～25 kg。包装箱需采取防潮措施，在箱底和四周衬垫硫酸纸等防潮材料，装箱后立即封严、捆牢。在箱子的规定位置标明重量、地址、货号等。

图 8-15　箱装核桃仁

果仁包装除具备坚果包装的基本要求外，还需注明以下内容：

①预先定量包装或直接装入容器中，向消费者直接提供的食品名称。

②食品标签是指食品包装上的文字、图形、符号及一切说明物。

③配料，指在制造或加工食品时使用的、并存在(包括以改性的形式存在)于产品中的任何物质，包括食品添加剂。

④加工助剂和加工辅助物，即本身不作为食品配料用，仅在加工、配制或处理过程中，为实现某一工艺目的而使用的物质或物料(不包括设备和器皿)。

⑤生产日期和制造日期，指食品成为最终产品的日期。

⑥包装日期，指将食品装入(灌入)包装物或容器中，形成最终销售单元的日期。

⑦保质期，即果仁在标签指明的贮存条件下，保持品质的期限。在此期限内，产品完全适于销售，并保持标签中不必说明或已经说明的特有品质。超过此期限，在一定时间内，果仁可能仍然可以食用。

⑧保存期，指推荐的最后食用日期。指果仁在标签指明的贮存条件下，预计的终止食用日期。在此日期之后，预包装食品可能不再具有消费者所期望的品质特性，不宜再食用。

参 考 文 献

[1] 王贵. 澳大利亚的核桃采收与加工 [C] //全国核桃生产、科研及产业化研讨会论文集，2004：236-238.

[2] 杨源. 核桃采收加工技术图解 [M]. 昆明：云南科技出版社，2009.

[3] 史建新，辛动军. 国内外核桃破壳取仁机械的现状及问题探讨 [J]. 新疆农机化，2001(6)：29-32.

第九章 营养成分、保健功能及
开发利用

　　核桃不但是重要的坚果、木材、油料树种，还是优化生态环境和具有多种开发利用功能的树种，开发前景广阔。坚果种仁具有很高的营养价值和保健功能，可制取优良的食用油和制作多种食品、保健品和美味佳肴。它的根、枝、叶、青皮是中国传统中医药材。麻核桃、铁核桃、核桃楸的坚果壳厚，沟纹和刻点美观，成为传统把玩、健身、雕刻、佩饰、加工等多种文化产品。2008 年 11 月国务院发布《国家粮食安全中长期规划纲要（2008－2020 年）》指出，合理利用山区资源，大力发展木本粮油产业，加快提高油茶、油橄榄、核桃、板栗等木本粮油品种的品质和单产水平。近年，云南、山西、河北、陕西、贵州、湖北、新疆、甘肃、浙江、河南、四川等省区，核桃加工企业蓬勃发展，市场中的核桃加工产品琳琅满目。

第一节 营养成分

　　营养物质是人体生长发育和维持生命活动的物质基础，是人类劳动生产和进行一切活动的能量源泉。核桃种仁的营养成分丰富，营养保健功能明显，含有丰富的人体必需的优质脂肪、蛋白质、粗纤维、多种维生素、矿质元素和脂肪酸等多种成分，成为世界公认的优良营养保健食品，受到各国广大消费者的喜爱，在我国被誉为"长寿果、万岁果"，欧洲称之为"大力士食品"，美国加州核桃委员会称之为"21 世纪超级食品"。美国食品及药品管理局（FDA）2004 年通过了将核桃作为保健食品的准可。

一、种仁（果仁）

北京联合大学荣瑞芬的研究结果和其指导的冯春艳的硕士学位论文均显示，核桃种仁内平均含脂肪 73.79%、蛋白质 16.51%、可溶性糖 3.56%、黄酮 0.52% 和丰富的不饱和脂肪酸（表9-1）。研究结果显示，核桃种仁的营养和功能成分含量，与不同品种、产地土壤气候条件、管理水平有密切关系。

表 9-1　3 个产地核桃样品 100 g 种仁主要营养成分平均含量（2010 年）

营养成分	种仁含量	平均含量	营养成分	种仁含量	平均含量
脂肪	72.12%~77.51%	73.79%	α-维生素 E	22.26~29.86 μg/100g	25.70μg/100g
蛋白质	15.43%~18.24%	16.51%	α-维生素 A	16.57~17.55 μg/100g	16.98μg/100g
可溶性糖	1.39%~7.58%	3.56%	α-维生素 B_1	0.19~0.23 μg/100g	0.19μg/100g
钾	120.12~148.78mg/100g	135.58 mg/100g	α-维生素 B_2	0.12~0.14 μg/100g	0.13μg/100g
钠	2.05~3.38 mg/100g	2.13 mg/100g	黄酮	0.29%~0.67%	0.52%
镁	55.45~68.93 mg/100g	64.21 mg/100g	总酚	0.137%~0.152%	0.144%
铁	4.56~6.91 mg/100g	5.84 mg/100g	磷脂（油）	0.96%~1.54%	1.27%
锌	1.73~2.95 mg/100g	2.25 mg/100g	ω-3α亚麻酸（油）	7.47%~12.70%	9.42%
镉	1.75~4.96 mg/100g	3.57 mg/100g	ω-6 亚油酸（油）	65.97%~72.00%	68.64%
铜	2.36~2.64 mg/100g	2.54 mg/100g	ω-9 油酸（油）	11.89%~17.02%	13.91%
钙	54.06~57.28 mg/100g	55.59 mg/100g			

资料来源：北京联合大学冯春燕的硕士学位论文。

注：①供试核桃样品为陕西商洛核桃、北京密云核桃和云南三台核桃。②亚麻酸、亚油酸、油酸 3 种脂肪酸含量为占总脂肪酸含量的比率。③磷脂含量为占油脂含量的比率。

国外检测结果和国内不同地域生产的核桃坚果营养成分含量的检测结果会有一定的差异。据美国农业部国家营养数据库（USDA National Nutrent Databank）资料，每 100 g 核桃仁含 56.21 g 脂肪、15.23 g 蛋白质、13.7g 碳水化合物，以及丰富的矿物质元素和脂肪酸（表9-2）。

表 9-2   100 g 核桃仁中重要营养成分和矿物质含量(美国农业部国家营养数据库)

营养成分	含量	营养成分	含量
水分	4.07 g	维生素 A	1.00 mg
能量	2 738 kJ	β-胡萝卜素	12.00 mg
蛋白质	15.23 g	饱和脂肪酸	
总脂肪	65.21 g	十六碳酸	4.404 g
淀粉	0.06 g	十八碳酸	1.659 g
灰分	1.78 g	二十碳酸	0.063 g
碳水化合物总量	13.71 g	单不饱和脂肪酸	
纤维素	6.70 g	十八碳烯酸	8.799 g
总糖	2.61 g	二十碳烯酸	0.134 g
蔗糖	2.43 g	多不饱和脂肪酸	
葡萄糖	0.08 g	亚油酸	38.09 g
果糖	0.09 g	亚麻酸	9.08 g
钙	98.0 mg	氨基酸类	
铁	2.91 mg	色氨酸	0.17 g
锰	158.0 mg	苏氨酸	0.596 g
钾	441.0 mg	异亮氨酸	0.625 g
钠	2.0 mg	亮氨酸	1.17 g
锌	3.09 mg	精氨酸	2.278 g
铜	1.586 mg	组氨酸	0.391 g
钼	3.414 mg	赖氨酸	0.424 g
磷	346.0 mg	蛋氨酸	0.236 g
硒	4.90 mg	胱氨酸	0.208 g
核黄素	0.15 mg	苯丙氨酸	0.711 g
维生素 C	1.30 mg	谷氨酸	2.816 g
维生素 B_1	0.341 mg	天门冬氨酸	1.829 g

资料来源：杨克强的《从核桃的营养价值探讨大姚核桃的发展趋势》和闪家荣的《大姚核桃》。

二、种皮（仁皮）

指包裹在种仁外面的棕色或黄色薄皮，亦称仁皮或内种皮。因为种皮稍带苦涩，多被剥掉丢弃。万郑敏等采用高效液相色谱分析核桃种皮中的酚类物质，检测到含有 17 种酚类物质，无种皮种仁中仅有 7 种。表明种皮中酚类物质含量丰富，其中部分酚类物质仅存在种皮内。北京联合大学荣瑞芬等以云南三台核桃、陕西商洛核桃和北京密云核桃为试材，对 3 个产地核桃样品的种皮特性、质量和营养成分进行了检测分析。结果表明，云南大姚核桃(三台核桃)种皮较薄，陕西商洛核桃种皮中等，北京密云核桃种皮最厚，种皮厚度分别占带皮种仁的 3.42%、3.75% 和 4.12%。种皮颜色从深到浅顺序为北京核桃、陕西核桃、云南核桃。研究表明，种皮厚薄对食用带种皮核桃仁的口感有明显影响。此外，研究结果还显示：3 种核桃种皮蛋白质含量平均为 10.97%；可溶性糖含量为 5.26%，高于种仁(3.56%)1.61 个百分点；矿质元素含量除钾和锌外，种皮均远高于种仁，膳食纤维为种仁的 3.3 倍，黄酮含量是种仁的 5.33 倍，总酚含量是种仁的 7.18 倍(表 9-3)。

表 9-3　3 个产地核桃样品种皮营养及功能成分

营养成分	平均含量	营养成分	平均含量
脂肪	21.17%	钙	476.98 mg/100g
蛋白质	10.97%	硒	3.07 μg/100g
可溶性糖	5.26%	维生素 E	8.5 μg/100g
钾	57.39 mg/100g	维生素 A	6.56 μg/100g
钠	37.03 mg/100g	维生素 B_1	0.30 μg/100g
镁	446.55 mg/100g	维生素 B_2	0.23 μg/100g
铁	24.26 mg/100g	膳食纤维	47.28 μg/100g
锌	2.07 mg/100g	黄酮	2.77 μg/100g
锰	9.39 mg/100g	总酚	1.034 μg/100g
铜	3.25 mg/100g		

资料来源：北京联合大学冯春燕的硕士学位论文。

三、雄花序

核桃进入盛果期后，雄花序逐渐增多。近年的研究发现，雄花序内含有丰富的营养物质。雄花序是我国农村传统食用材料。据河北大学王俊丽测定，上宋 6 号核桃的花粉营养和功能成分含有：蛋白质 25.38%，氨基酸总量 21.33%，可溶性糖 11.08%，磷 $5\,775\times10^{-6}$，钾 $5\,838\times10^{-6}$，钙 $1\,330\times10^{-6}$，烟酸（维生素 PP）28.19 mg/100g，硫胺素（维生素 B_1）4.81 mg/100g，核黄素（维生素 B_2）1.72 mg/100g，维生素 K 1.18 mg/100g，维生素 E 0.44 mg/100g，β 胡萝卜素 0.15 mg/100g。认为核桃雄花序是营养丰富的天然食品。

昆明理工大学陈朝银等在《大姚核桃》一书中的"大姚核桃花的营养成分分析"中认为，核桃雄花营养较为全面、丰富，是良好的天然营养食品和保健食品。尤其是干雄花序中含有 21.23% 的蛋白质、13.16% 的膳食纤维和 51.04% 的碳水化合物。核桃雄花序资源丰富，营养功能全面，具有较好的开发利用价值（表 9-4）。

表 9-4　大姚（三台）核桃雄花序营养成分及含量

成　分	含　量	成　分	含　量
水分	11.50 g/100g	硒	1.70 μg/100g
能量	269kcal(1cal＝1.41868J)	胡萝卜素	1 524 μg/100g
粗蛋白	18.75 g/100g	硫胺素	0.25 mg/100g
脂肪	1.54 g/100g	核黄素	2.43 mg/100g
膳食纤维	11.64 g/100g	抗坏血酸	27.68 mg/100g
碳水化合物	45.14 g/100g	尼克酸	0.01 mg/100g
灰分	11.34 g/100g	维生素 E	2.88 mg/100g
钾	4 050 mg/100g	异亮氨酸	0.95 g/100g
钠	7.97g/100g	亮氨酸	1.27 g/100g
镁	420 g/100g	赖氨酸	0.68 g/100g
铁	30.47 g/100g	苯丙氨酸	0.78 g/100g
锰	9.74 g/100g	色氨酸	1.59 g/100g
锌	5.68 g/100g	精氨酸	1.24 g/100g
铜	2.27 g/100g	谷氨酸	4.21 g/100g
磷	4.10 g/100g	丙氨酸	1.69 g/100g

资料来源：闪家荣的《大姚核桃》。

<h1 align="center">第二节　保健功能</h1>

核桃仁含有多种营养物质和功能成分，对保障人体正常的生理活动和代

谢功能有重要作用。我国民间对核桃的营养保健功能早有认知，食疗、辅助治病、防病应用非常普遍。《本草纲目》中就曾记载，核桃有补气养血、润燥化痰、益命门、健胃益肾、补脑、黑发等多种功效。

一、营养保健

核桃仁中蛋白质含量丰富，其中清蛋白、球蛋白、谷蛋白和醇溶谷蛋白分别占蛋白质总量的 6.81％、17.57％、5.33％和 70.11％，对提高人体免疫力、促进激素分泌、胃肠健康有良好功效。核桃仁中含有 18 种氨基酸，其中 8 种为人体必需氨基酸。核桃仁蛋白系优质蛋白，消化率和净蛋白比值较高。美国科学家通过研究认为，核桃对心血管疾病、Ⅱ型糖尿病有康复治疗效果。

核桃仁中脂肪主要成分为脂肪酸和磷脂。脂肪酸可代谢为二十碳五烯酸（EPA）和二十二碳六烯酸（DHA），EPA 具有降低血脂、预防脑血栓形成等作用，DHA 有提高记忆力、增加视网膜反射力、预防老年痴呆等作用，被誉为"脑黄金"。

核桃种皮含有丰富的膳食纤维，是"完全不能被消化道酶消化的植物成分"，且主要从植物中摄取。膳食纤维与冠心病、糖尿病、高血压等有密切关系。其重要的生理功能已被人们了解和认识。

维生素是人体正常生理代谢不可缺少的小分子有机物。核桃仁中维生素种类齐全，比较符合人体生理需要，在身体中主要对新陈代谢起调节作用。

矿物质是构成人体需要的 7 大营养素之一，它具有维持机体组成、细胞内外渗透压、酸碱平衡、神经和肌肉兴奋等作用。核桃仁是提供丰富矿质元素的重要坚果。

二、功能保健

酚类物质是植物果实中次生代谢物质苯酚的衍生物，与植物生长发育、生理功能关系密切。核桃仁中含有丰富的多酚类物质，它们具有显著的抗氧化作用，能抑制低密度脂蛋白氧化和延缓衰老。

现代药理实验表明，咖啡酸、绿原酸等多种酚酸类物质，具有抗氧化、抗诱变和抑制癌细胞活性的作用，对预防血栓、高血压、动脉硬化和降血脂等有一定的效果。郝艳宾等（2009）用薄壳香核桃为试材，分析了核桃果实青皮、坚果、壳皮、种皮和种仁中酚酸类物质的含量（表 9-5）。结果表明，果实青皮和种皮中都有丰富的对人体有益的酚酸类物质，其中种皮就含有 9 种酚酸物质和 3 种黄酮类物质，其含量除阿魏酸外均达最高水平。食用去掉种皮的核桃仁，将损失许多对人体有益的功能成分。

表 9-5 薄壳香核桃果实不同部位酚酸类物质含量（mg/100g 干重）

试材	没食子酸	绿原酸	咖啡酸	对羟基苯甲酸	香豆酸	阿魏酸	芦丁	桑色素	槲皮素
种皮	146.2±10.1a	17.6±1.6a	17.9±0.8a	30.2±2.6a	6.9±1.4a	6.1±0.5b	187.6±12.7a	ND	8.0±0.4a
青皮	41.6±5.2b	7.1±1.2b	1.6±0.3b	1.1±0.2c	2.6±0.3b	21.1±1.8a	44.3±0.8b	1.1±0.2	7.8±0.7a
壳皮	6.6±1.6c	1.1±0.1c	0.7±0.1c	3.5±0.3b	ND	3.1±0.4c	3.3±0.4c	ND	ND
无皮种仁	5.3±0.5c	ND	ND	0.8±0.1a	ND	ND	0.9±0.1d	ND	0.6±0.1b

注：ND 为未检出。英文字母为差异显著性（$P<0.05$）。

核桃油中含有人体必需的不饱和脂肪酸，主要是油酸、亚油酸、亚麻酸。3 种不饱和脂肪酸约占脂肪酸总量的 90%。饱和脂肪酸主要是棕榈酸和硬脂酸，约占脂肪酸含量的 10%。北京联合大学冯春燕（2010）以云南、陕西、北京 3 地核桃油为试材的检测结果表明，平均含 ω-9 油酸 13.91%（11.89%～17.02%），ω-6 亚油酸 68.64%（65.97%～72.00%），ω-3 亚麻酸 9.42%（7.47%～12.7%）。饱和脂肪酸占脂肪酸总量的 7.88%，不饱和脂肪酸占脂肪酸总量的 91.56%。另外，多不饱和脂肪酸占不饱和脂肪酸量的 77.60%，单不饱和脂肪酸占不饱和脂肪酸量的 14.05%。单不饱和脂肪酸具有降低血压、血糖、胆固醇的效果，多不饱和脂肪酸有益智健脑、预防心脏病、增强免疫力等作用。

北京市农业科学研究院林业果树研究所郝艳宾等（2002）以香玲、清香、薄壳香、漾沧（泡核桃）4 个核桃品种油脂为试材，检测了多种脂肪酸含量（表 9-6），表明核桃油中亚麻酸（ω-3）比花生油、菜籽油、大豆油含量高，食用核桃仁或核桃油，可以补充体内生理代谢需要的不饱和脂肪酸，促进身体健康。

表 9-6 4 个核桃品种的种仁中脂肪酸含量（g/100g 油）

脂肪酸	核桃			泡核桃	文献
	香玲	清香	薄壳香	漾沧	
棕榈酸	5.81±0.80b	4.86±0.28b	5.32±1.00c	6.39±0.20a	2.3～4.4
硬脂酸	3.07±0.26a	2.64±0.30b	2.68±0.20b	2.09±0.12c	0.6～0.8
油酸	13.27±0.20d	18.84±0.32a	14.13±0.10b	17.33±0.77b	5.7～11.8
亚油酸	69.25±1.50b	62.58±0.22d	68.09±0.62b	64.96±1.00c	66.2～72.0
亚麻酸	8.49±0.00b	11.1±0.1a	10.00±0.10a	9.04±0.22b	16.3～25.0
花生酸	0.06	0.06	0.04	0.06	ND
棕榈油酸	ND	ND	ND	ND	—

注：ND 为未检测出或无记载。英文字母为差异显著性（$P<0.05$）。

为减缓核桃油中不饱和脂肪酸的氧化速度，北京市农业科学研究院林业果树研究所利用 TBHQ 抗氧化效应，使核桃油的贮藏期(在 25℃ 条件下)从 3 个月延长至 30 个月以上，并制成核桃油微胶囊，达到四季性能稳定、使用方便的效果。

核桃仁中含有较丰富的黄酮类物质。黄酮类化合物具有扩张冠状血管、增强心脏机能、抑制肿瘤等多种作用。最新发现黄酮还是激发脑潜能的物质，可有效抑制中老年人脑功能衰退。

2014 年由我国老中医纪本章主审、中西医结合专家马必生编著出版的《巧吃核桃抗百病》一书，介绍了中国多地长寿之乡老寿星通过多年食用核桃抗御慢性病的养生经验。书中讲述了西安交通大学药学研究室从未成熟的嫩核桃仁(半浆半硬)中分析发现了脑磷脂蛋白酶，这种酶具有修复脑细胞的显著作用，并获得了国内外医学专家的认可和关注。说明长期食用半熟嫩核桃仁，对预防疾病和辅助治疗慢性病具有良好的功效。

第三节 开发利用

一、果仁榨油

核桃仁中含有 70% 以上的优质脂肪，以其提炼的油脂被列为高级食用油，称为植物中的油王。核桃油中的脂肪酸主要是不饱和的亚油酸和亚麻酸，占脂肪酸总量的 90% 以上。亚油酸(Omega - 6 脂肪酸)和亚麻酸(Omega - 3 脂肪酸)是人体必需的 2 种脂肪酸，容易消化吸收，是前列腺素、EPA(二十碳五烯酸)和 DHA(二十二碳六烯酸)的合成原料，对维持人体健康、调节生理机能有重要作用。试验表明，核桃油能有效降低突然死亡的风险，减少患癌症的概率。在钙摄入不足的情况下，能有效降低骨质疏松症的发生。常食核桃仁和核桃油不仅不会升高胆固醇，还能软化血管，减少肠道对胆固醇的吸收，阻滞胆固醇的形成并使之排出体外，很适合动脉硬化、高血压、冠心病患者食用。亚麻酸有减少炎症发生和促进血小板凝聚的作用。亚油酸能促进皮肤发育和保护皮肤营养，利于毛发健美。此外，核桃油还广泛用作机械润滑油；由于核桃油流动性好，一些欧洲画家还利用它制作油画。

核桃榨油后的饼粕中仍含有丰富的蛋白质等营养物质，其中的蛋白质含有很多磷脂蛋白。利用核桃饼粕可制作其他食用产品，如喷雾干燥核桃粉可制作多种保健食品或核桃饮料。开发核桃系列产品是今后研究的重要内容。

近年，我国核桃油加工企业逐年增加，核桃油等级品牌不断增加（图9-1），既丰富了食用油品市场，又拉动了核桃产业发展。

图 9-1　核桃油

二、改善生态环境

核桃树体高大、枝叶繁茂、根群发达，在城市公园和公路两侧栽植，有较强的吸尘能力和净化空气、保护环境的作用，常作为行道树或观赏树种。据测定，成片核桃林在冬季无叶的情况下能减少降尘 28.4%，春季展叶后可减少降尘 44.7%。在山丘、坡麓、梯田、堰边栽植有涵养水源、保持水土、调节农田小气候的作用，是丰富平原绿化树种和实行林粮间作的优良树种。

核桃耐旱耐瘠薄、适应性强，全国 20 多个省份都有核桃分布和栽培，种植面积已达 230 多万 hm²，已成为优化农业种植结构、绿化荒山荒滩的重要生态经济树种，对实现国土绿化、增加森林覆盖率和木材蓄积量具有显著而深远的影响。

三、工业利用

核桃是世界性的优良材种，可提供多种用途高档用材，在国内外木材市场上价格较高。核桃木材质地坚韧、颜色淡雅、纹理美观，适宜制作各种高档家具和高档用具。

核桃木材伸缩性小、抗冲击力和抗腐朽力强、不翘不裂、不受虫蛀，广泛用于军工、航空、乐器、体育、文具、雕刻等方面，历来是航空、交通和军事工业的用材。因其质坚、纹细、富弹性、易磨光,也可用来制作乐器和枪托。近年来,核桃木经加工处理,用作高档轿车、火车车厢、飞机螺旋桨、仪器箱盒、室内装修等材料,用途范围还在不断扩大。

核桃壳可以制作高级活性炭,具有清洁饮水、空气、食材、血液的特殊作用。我国果壳活性炭的年需求量为 5 万~6.5 万 t,但年产量仅有 4 万 t,缺口主要依靠进口。用核桃壳生产的抗聚剂代替木材生产的抗聚剂,用于合成橡胶工业,可以减少木材的消耗和森林的砍伐。

核桃的树皮、叶片和果实青皮含有大量的单宁物质,可提炼鞣酸制取烤胶,用于染料、制革、纺织等行业。枝、叶、坚果内的横隔还是传统的中药材。

四、坚果工艺

利用麻核桃、核桃楸、铁核桃等的坚果制成各种把玩、饰品、雕刻、贴片、挂件等文玩工艺品,颇受消费者欢迎。文玩核桃要求壳皮纹理深刻、清晰,成对文玩核桃要特点相似、大小一致、重量相当。经多年把玩形成的老红色就更显珍贵。

文玩核桃主要包括麻核桃、核桃楸、铁核桃,广泛分布于北起黑龙江、辽宁,南达云南、贵州,西至新疆,东到山东的广大地区。北京、河北、天津、陕西等地所产的麻核桃品质最好,类型繁多,名贯华夏。

麻核桃是文玩核桃中的代表,属于非食用工艺核桃,在国内古玩市场中占有重要地位。此外,以核桃楸、铁核桃为原料,制作的玩品、雕品、饰品、挂件、贴片等工艺品,更是琳琅满目,成为古玩市场中的新亮点,为核桃的开发利用、增加农民收入、丰富市民生活开辟出新的空间。

五、中药材料

核桃药用价值是我国多年来研究的热点之一。据古代医术《千金方》记载,"凡欲治疗,先以食疗,既食疗不愈,后乃用药尔"。其他许多医药名著中都有食疗和食补的记载与论说。利用核桃预防和治疗疾病,不但为历代医药学家所推崇,也为现代医学所验证。

国人对核桃的开发利用较早,对核桃的营养保健及医疗价值认识不断加深。中医有"药食同源"理论,强调"药补不如食补"。唐代名医孟诜说,核桃仁"通经脉,润血脉,常服骨肉光滑"。明代医药学家李时珍说,核桃仁有"补气养血,润燥化痰,益命门,利三焦,温肺润肠"等功效。清代王士雄在其《随息居饮食谱》中，对核桃的评价是"甘温，润肺，益肾，利肠，化虚痰，止虚疼，健腰脚，散风寒，医劳喘，通血脉，补气虚，泽肌肤，暖水脏，治铜毒……果中能品"，其评价更为全面。

我国中医学药理研究认为，核桃各器官对多种疾病有一定的辅助治疗作用。

①果仁。我国中医书籍记载，核桃仁有通经脉、润血管、补气养血、润燥化痰、益命门、利三焦、温肺润肠等功用，常服核桃仁皮肉细腻光润。我国古代和中世纪的欧洲，曾用核桃治疗秃发、牙痛、狂犬病、皮癣、精神痴呆和大脑麻痹等症。

②枝条。枝条制剂可增加肾上腺皮质，有提高内分泌等体液的调节能力。核桃枝条制取液或者加龙葵全草制成的核葵注射液，对宫颈癌、甲状腺癌等有不同程度的疗效。

③叶片。核桃叶片提取物有杀菌消炎、愈合伤口、治疗皮肤症及肠胃病等的作用。

④根皮。根皮制剂为温和的泻剂，可用于治疗慢性便秘。

⑤树皮。单独熬水可治瘙痒，若与枫杨树叶共熬成汁，可治疗肾囊风等。

⑥果实青皮。在中医验方中果实青皮称为"青龙衣"，内含胡桃醌、鞣质、没食子酸、生物碱和萘醌等。可治疗一些皮肤症及胃神经病等。

六、食品菜肴

中国是美食王国，历史上对核桃仁的营养价值和食用方法有深入的了解和丰富的经验。后汉三国时期北海相孔融在致友人书中说："先日多惠胡桃，深知笃意。"明代文学家徐渭曾写有《咏胡桃》诗。乾隆和嘉庆年间，西藏达赖喇嘛和班禅活佛每年都进贡核桃，供皇帝和达官贵人享用，并以核桃为主、辅食材，做成多种皇宫膳食。自古民间就认为，食用核桃仁有益于产妇保健、开发儿童智力、促进发育、健脑益智、延年益寿等，并制成许多核桃食品、药膳和菜肴。

我国南北各地以核桃仁为主料的食品很多，如琥珀核桃仁、速溶核桃粉、糖水核桃罐头、甜香核桃、核桃精、银香核桃、咖喱核桃、雪衣核桃、核桃酪、奶油桃仁饼、核桃布丁盏等。

以核桃仁为主（辅）料的菜肴也有很多，如酱爆核桃、五香核桃、糖醋核桃、椒盐桃仁、油氽核桃仁、核桃泥、桃仁果酱煎饼卷、椒麻鲜核桃、核桃巧克力冻、核桃排、核桃蛋糕（图9-2）等，各地形成了各具特色的核桃保健食谱。

以核桃仁为主料的药膳有：人参胡桃汤、乌发汤、阿胶核桃、核桃仁粥、核桃五味子蜜糊、核桃首麻汤、凤髓汤、黄酒核桃泥汤、润肺仁饼、莲子锅蒸、枸杞桃仁羊肾汤、桃杞鸡卷等。食疗配方多种多样。

图 9-2　核桃蛋糕

七、其他利用价值

核桃全身是宝，除用于人们熟悉的食品工业、医药行业以及园林绿化、木材加工、化工、工艺美术等领域外，还有多种其他用途：核桃叶可用作牲畜饲料；叶和青皮浸出液可防治象鼻虫和蚜虫，抑制微生物生长；总苞（青皮）含有丰富的维生素，可作提取维生素 B 的原料；鲜嫩雄花序可制作美味多彩的菜品（图 9-3）；花粉含有大量的糖类、脂肪、蛋白质和多种矿质元素，是开发花粉保健食品的上佳原料。

图 9-3　果仁雄花序制作的菜品

参 考 文 献

［1］杨克强.从核桃的营养价值探讨大姚核桃的发展趋势［M］.昆明：云南科技出版社，2010.

［2］杜希贤.饮食营养学［M］.济南：山东科学技术出版社，1980.

［3］郝艳宾.核桃有效成分分析及产品开发利用概括［C］//赵志荣，王根宪.第二届中国核桃大会暨首届商洛核桃节论文集.杨凌：西北农林科技大学出版社，2009.

［4］郝艳宾，王克建，王淑兰，等.几种早实核桃坚果中蛋白质、脂肪酸组成成分分析［J］.食品科学，2002（10）：123-125.

［5］冯春燕，荣瑞芬，刘雪峥.核桃仁及内种皮营养与功能成分分析研究进展［J］.食品工业科技，2011，32（2）：408－411，417.

［6］马必生，纪本章.巧吃核桃抗百病［M］.天津：天津科学技术出版社，2014.

第十章　麻核桃

麻核桃是核桃家族中非食用类型，又称河北核桃、麻艺核桃、山核桃、耍核桃、文玩核桃等，因其坚果壳面棱沟起伏、凹凸深邃而得名，是原产于中国的珍稀种质资源。其坚果具有文玩、健身、工艺等多种利用价值，近年在古玩市场中颇受消费者青睐，价格居高不下，购销市场繁荣。因其具有特殊价值，故在本书中单列一章作以概括介绍，以飨读者。

第一节　麻核桃的来源和利用价值

麻核桃原产于中国，正式名称为河北核桃(*Juglans hopeiensis* Hu)，是核桃属中一个独立种。1930年周汉藩先生在河北省昌平县(今属北京市)下口村半截沟首次发现，1934年经我国植物学家胡先骕鉴定为核桃(*J. regia* L)与核桃楸(*J. mandshurica* Max)种间自然杂交种，主要分布在河北、山西、河南、陕西、山东、辽宁及北京、天津等省、市的山区。由于麻核桃是2种核桃自然杂交而成，其后代遗传性状分离形成了丰富的后代类型，成为我国独有的种质资源。"冀龙"由河北农业大学1984年在河北涞水县发现，经过多年观察，2005年通过省级鉴定和品种审定并定名，成为我国第1个麻核桃品种。2003—2008年北京市农林科学院林业果树研究所通过收集、选育，选出M2、M9、M29、M30、M59、M60和金针1号、京艺1号、涞水鸡心、南将石狮子头、盘山狮子头11个麻核桃优良无性系。河北涞水麻核桃(野三坡麻核桃)成为我国麻核桃第1个地理标志产品。

麻核桃壳皮坚厚，种仁很少，食用价值很低。但是，它的外壳沟纹变化丰富，形状美观，极具把玩、保健、鉴赏、雕刻、工艺收藏等多重功能，所以又称为非食用保健工艺型核桃，成为当今古玩市场中的新宠。

玩赏麻核桃是明清以来在我国北方早有的传统习俗，并形成了中国独特的核桃文化，麻核桃成为中老年人把玩、健身的掌中佳品。把玩者根据麻核桃壳面纹路深浅、锐钝和手掌经络全息理论，总结出把玩麻核桃的 7 种方法（七字诀），大大丰富了核桃文化内涵。品赏麻核桃与欣赏瓷器、文物、字画同样使人赏心悦目、如醉如痴。麻核桃雕刻工艺品是在壳面方寸之间，根据壳面特点、纹络变化雕刻出各种人物、植物、动物、花鸟等发人联想的艺术品，抒发人们对美好生活的意境追求，与社会发展、百姓生活、理想追求息息相关，在文玩市场中备受青睐。此外，以麻核桃为主体制成的多种手串、项链、挂件、饰品等更是琳琅满目。用麻核桃壳皮制成的贴片工艺品（花瓶、台灯、动物、桌椅、屏风等）令人怡神赞叹，受到人们的广泛欢迎，麻核桃市场也应运而生。

第二节　麻核桃的类群和类型

由于麻核桃为多年自然杂交和实生繁殖，形成的后代变异多种多样。坚果形状、刻点和沟纹有很多变化，群众的叫法名称随意性很强，造成以形命名、以地命名、同物异名等现象非常普遍，消费者较难辨识。河北农业大学用 ISSR 分子标记方法，对取自各地的数 10 个类型麻核桃进行了聚类分析，结果表明，市场中现有的商品麻核桃均为同一种（*J. hepeiensis* Hu.）。造成品种类型、品相多样的原因，是由于杂交后代性状分离和不同株间果实发育过程中生理变化所造成的，属于遗传变异的很少。为便于市场交流和鉴别，科研工作者和经验丰富的营销者，通过沟通协商提出按麻核桃坚果的形状特征和用途分为 2 大类，每一类中分成不同类群。

一、形状特征类

按坚果形状特征分为 4 个类群：
①宫灯类群。包括现用名的各种狮子头、虎头、蛤蟆头、马蹄等（图 10-1）。

腹面　　　　　　　　棱面

图 10-1　宫灯类群（狮子头）

②寿桃类群。包括"冀龙"和现用名的各种鸡心、桃心、将军膀等(图10-2)。

腹面　　　　　　　　　　棱面

图 10-2　寿桃类群(鸡心)

③佛耳类群。包括现用名的各种公子帽、官帽等(图 10-3)。

腹面　　　　　　　　　　棱面

图 10-3　佛耳类群(公子帽)

④变形类群。包括现用名的各种鸟嘴、鹰嘴、蜂腰、灯笼、花生等自然变化和人工变形的坚果(图 10-4)。

腹面　　　　　　　　　　棱面

图 10-4　变形类群(花生)

二、玩赏雕刻类

按用途分为 5 个类群：

①把玩类。通过手部揉、搓、捏等手疗活动，达到调理气血、刺激穴位、促进健康。如官帽、鸡心、虎头、狮子头、公子帽、将军膀等（图 10-5）。

腹面　　　　　　　　棱面

图 10-5　官帽

②观赏类。因形状和特点明显，具有较好的观赏价值。如灯笼、刺猬、鹰嘴、飞蝴蝶、斗鸡、尖塔、鸳鸯、马蹄等（图 10-6）。

腹面　　　　　　　　棱面

图 10-6　灯笼

③微雕类。利用麻核桃坚果壳皮坚厚、刻纹深凹、纹路多变等特点，依形设计、巧妙运刀、镂浮结合，在方寸之中雕出山水、人物、花鸟、鱼虫等，如辰龙千禧、九龙滚、百犬图、葫芦万代、龙虎斗等（图 10-7）。

腹面　　　　　　　　棱面

图 10-7　辰龙千禧

④佩饰类。通过艺术加工制成多种形式的挂件、项链、手链，或腰佩，或装饰手机、手包、背包等。如山海坠、辟邪、佛珠、花篮、十八罗汉、八仙、戏珠等。加入风景人物微雕和配串珍珠、玛瑙、中国结等，更显雍容华贵（图10-8）。

图10-8　佩饰工艺品

⑤贴片类。利用淘汰麻核桃或核桃楸坚果壳面自然形态，经过切片、拼接、粘贴、磨平、抛光制成多种颇具艺术价值的器物。如桌椅大瓶、花瓶、台灯、烟灰缸、奔马、孔雀、笔筒等（图10-9）。

图10-9　贴片工艺品

第三节　麻核桃坚果的质量分级

麻核桃坚果的质量标准是规范市场营销的必要依据，河北农业大学以"冀龙"为例制定出麻核桃坚果质量评价项目和质量分级指标（表10-1）。河北涞水县质量技术监督局制定出狮子头、公子帽、官帽、虎头、鸡心5个优良品系的坚果外部形状特征和物理指标（表10-2、表10-3），供读者参考。

表 10-1 冀龙坚果分级指标

级别	形状	横径/mm	纵径/mm	重量/g	缝脊特点	沟纹特点	果尖特点	果座特点	壳皮颜色
优级	尖卵圆形	≥45.0	≥50.0	≥30.0	突出，无缝隙，中部较宽，两侧纹理、刻沟、点穴深邃，颜色均匀	肋脉数条，纵向为主，网状结构，颜色均匀，无白边	渐尖或突尖，部位端正，无缝隙，两侧对称，无残损	圆形，平稳，缝脊与主肋十字交叉，脐无空隙，收缩良好	深黄，无白斑果
一级	尖卵圆形	43.0~44.9	46.0~44.9	26.0~29.9	突出，无缝隙，中部较宽，缝脊两侧刻点深邃，颜色均匀	肋脉纵向为主，点网状分布，沟穴并存，颜色一般，无白边	渐尖或突尖，部位端正，无缝隙，两侧对称，无残损	圆形或突起，缝脊与主肋十字交叉，较平稳，脐无空隙，收缩良好	深黄，无白斑果
二级	卵圆形	40.0~42.9	40.0~45.9	21.0~25.9	较突出，无缝隙，中部较宽，缝脊两侧沟点较碎，颜色均匀	肋脉纵向为主，支脉斜向较显，颜色基本一致	渐尖或突尖，无缝隙，少量歪尖(5%)，无残损，白坚果<5%	圆形有突起，缝脊与肋脉收缩较好，交会清晰，脐稍有孔隙(>5%)	黄色白斑果<5%
三级	尖圆形	35.0~39.9	37.0~39.9	16.0~20.9	较突出，无缝隙，中部略宽，两侧沟点较浅而碎，颜色均匀	肋脉方向不一，多斜向分布，沟穴较浅，颜色不均匀	渐尖或突尖，稍有缝隙，歪尖<5%，无残损，白坚果<10%	有突起，不平稳，缝脊与肋脉交汇清晰，脐稍有孔隙(<10%)	黄色白斑果<10%

表 10-2 5个麻核桃优良品系坚果外部特征

优良品系	坚果外部形状和特征
狮子头	果形近圆形，矮桩，底大而平，沟纹如雄狮鬃毛，多卷花、绕花、拧花，纹理较深
公子帽	果形似古代公子帽，矮桩，底座较大，缝合线突起明显，纹理较浅
官帽	果形似乌纱帽，比公子帽稍高，底座大而平，缝合线饱满圆润，纹理深
虎头	果形似虎头，比狮子头较高，底座稍小，纹理似麦穗，细密饱满
鸡心	果形似鸡心，坚果较大，高桩，底座小，果顶大而尖，纹理较粗、直和深

注：引自《中国核桃种质资源》，略有改动。

表 10-3　5 个麻核桃优良品系坚果物理指标

优良品系	横径/mm	侧径/mm	单果重/g	密度/(g/cm²)
狮子头	≥42	≥40	≥22	≥1.05
公子帽	≥42	≥36	≥20	≥0.90
官帽	≥45	≥42	≥23	≥0.85
虎头	≥43	≥40	≥22	≥0.93
鸡心	≥45	≥44	≥23	≥0.85

注：引自《中国核桃种质资源》。

第四节　玩赏、雕刻和工艺制品

　　玩赏麻核桃是我国传统核桃文化的重要内容。玩赏麻核桃起源于汉隋，流传于唐宋，盛行于明清，历经 2 000 多年长盛不衰，形成了我国独有的集把玩、健身、手疗、鉴赏、礼品、收藏等功能于一身的中国核桃文化，并总结出手掌经络与麻核桃在掌中滚动之间的健身原理和把玩方法。此外，各地收藏成对的三棱、四棱、五棱、连体、深纹、对欢、异形等形状怪异的自然造型，更令人叫绝。

　　麻核桃雕刻是在壳皮上雕刻出人物、动物、植物、山水、景物等形神灵动、寓意丰富、启迪联想的艺术品，抒发人们对美好生活的意境和憧憬。核桃雕刻历史源远流长，宋代(960—1279 年)就有在核桃壳面上雕刻景物的文字记载，明代(1368—1644 年)达到最高水平。清代乾隆皇帝对核桃雕刻精品达到痴迷程度，常常拿在手中把玩欣赏。台北故宫博物院收藏的 1768 年乾隆金描漆龙凤箱内有雕刻松竹梅的珍品供参观者欣赏。随着社会发展，麻核桃雕刻艺术日臻提高创新，很多核雕精品为人们所追捧。如百虫图、百鸟朝凤、猴结桃园、葫芦万代、九龙滚、飞天仕女、十八罗汉等，令人百赏不倦，叹为观止。

　　此外，以麻核桃、核桃楸和铁核桃为主材的工艺制品更是丰富多彩，如各种手串、项链、挂件、饰品、造型工艺、贴片家具等不断开发出新产品，展示出麻核桃的广泛用途。

　　近年把玩鉴赏麻核桃之风遍布大江南北、长城内外，正在向国外市场扩展。纵观我国麻核桃市场发展这一方兴未艾的核桃特有产业，以独特的核桃文化为内涵的形式，在丰富人们文化生活、增进人们身心健康、促进国际友好交往中，将不断展示它的独特魅力和发展潜力。在市场驱动下，北方种植麻核桃的范围和面积不断扩大，经销市场和消费人群与年增加，产品花样和质量不断翻新提高。随着生活水平的日益提高，人们对文化生活要求日益丰富多彩、对外交往的不断扩大和网络交易的迅速增加，对文玩核桃及其工艺品的需求量将会逐年增加。高质量、高水平的精品麻核桃和品相良好的普通麻核桃，将会成为不同人群的消费对象，其发展前景广阔。

参 考 文 献

[1] 郗荣庭，张志华. 中国麻核桃 [M]. 北京：中国农业出版社，2013.

[2] 郭建朝，程森，褚发朝，等. 太行山诸因子与麻核桃的关系 [M] //刘孟军，王文江，赵锦. 干果研究进展（8）. 北京：中国林业出版社，2013.

云南省大姚县核桃产业发展之路

一、产业发展概况

"大姚核桃"是云南省知名品牌，原产于云南省大姚县三台乡，是清康熙年间三台乡张鹏冲从当地核桃中选出的优良农家品种，经多年人工选择成为地方广为栽培的优良品种（先称为三台核桃，后定名为大姚核桃），并形成大姚县著名产区，至今已有 350 年栽培历史。现仍保存有树龄 450 年、株产坚果 400 kg 的老树。

大姚县属北亚热带高原季风气候类型，年平均气温 15.6℃，最高气温 33℃，最低气温−5.5℃，年均降雨量 796.8 mm，无霜期 220 d，是"大姚核桃"的适生区。

大姚核桃是核桃属中深纹核桃（$J. sigillat$ Dode）中的泡核桃类群，因其坚果品质优良，广受消费者和市场欢迎。20 世纪 80 年代，国家对外经济贸易部授予其"大姚薄壳核桃"称号，成为优质出口核桃。2008 年首届中国核桃大会在大姚县召开，并发布《大姚宣言》。2009 年国家商标局批准注册"大姚核桃"商标。在 2013 年第七届世界核桃大会（太原）上，大姚县选送的"大雄"牌核桃坚果获"中国优质核桃产品"金奖。

大姚核桃产业发展经历了 5 个阶段。第 1 阶段为从清康熙年间选出"三台核桃"到新中国成立初期，为自然发展阶段。1950 年全县核桃有 3.3 万余株，年产量为 187.3 t。第 2 阶段为 1950—1964 年行政推动发展时期。1964 年产量为 310 t。第 3 阶段为 1965—2001 年快速发展时期。2001 年全县核桃面积为 23.5 万亩（1 hm² =15 亩），产量为 2 955 t。第 4 阶段为 2002—2006 年支柱产业形成时期。县委和县政府做出把核桃作为支柱产业的决定，2006 年种植面积为 43.2 万亩，产量为 5 378 t，产值为 1.08 亿元，首次超过该县的烤烟产值。第 5 阶段为 2007—2013 年快速发展时期。云南省委、省政府出台关于加快核桃产业发展的决定，大姚县编制出大姚县核桃产业发展规划，2008 年全县验收种植核桃面积为 55.0 万亩，产量为 6 100 t，产值为 1.5 亿元，农民人均核桃收入达 703 元。2013 年全县核桃种植面积为 10 万 hm²，产量为 1.86 万 t，产值为 6.62 亿元，农民人均核桃收入达 2 800 元。表明该县核桃产业发展成效显著，真正成为农民脱贫致富、实现小康目标的摇钱树，大姚县经济发展中的支柱产业。

二、区域布局和规范管理

大姚县所辖 12 个乡镇均有核桃种植，129 个村（居）委会中有 115 个村 4.6 万户种植核桃，占农户总量的 76％。大姚县根据县域内海拔、年均气温、无霜期、年降水量、≥10℃ 积温等分布情况，划分出栽植核桃最适宜区、适宜区、次适宜区和不适宜区。实行按生态条件区域发展，并在布局上推行核桃下山向坝区发展的战略转移。到 2013 年，全县已建成万亩以上连片核桃基地 29 个，5000～10 000 亩 45 个。在种植布局上，推行天保林、退耕还林、综合开发、绿化造林、扶贫等工程项目与核桃产业发展有机结合的"核桃下山"措施，实施低效林改造，建设核桃基地 9.7 万亩。

在栽培管理方面，严格实施《大姚三台核桃集约化经营技术方案》和《核桃种植技术规程》以及地方标准中规定的"六个一"（一块适宜地，一棵良种壮苗，一个标准种植塘，一担农家肥，一担定根水，一块地膜）规范。在苗木培育、苗木分级、核桃园种植密度、土肥水管理、间作物种植、整形修剪、病虫防治、采果脱青皮、晾晒烘干以及低产树高接改造等方面，均有明确的技术标准和严格的监督检查制度。按照"建成一片、巩固一片、发展一片"的原则，把核桃产业引向农业现代化之路。为保障技术规范和标准的落实，在大姚县核桃协会的配合支持下，县、乡、村每年举办核桃优质、丰产技术培训班，普及科学管理技术知识，做到"村有土专家、户有明白人"，达到"统一规划、统一技术、统一检查验收"，保证全县核桃产业经营水平不断提升、农民收入不断增加。

三、培育生产经营主体，优化服务体系

依据自愿有偿原则，通过转包、转让、出租、入股等形式流转林木（林地）承包经营权，积极发展核桃种植专业村、专业户、专业生产合作社，推进规模种植和产业化发展。全县有核桃生产专业村 90 个，专业合作社 150 个，专业户 3 000 余户，经营大户 120 余家。该县荃玛箐核桃专业合作社 2013 年 109 户成员核桃种植面积达 6 432.5 亩，人均 12.9 亩，总产量为 156 t，产值达 546 万元，户均核桃收入为 5 万元。

在服务体系建设中按照"谁有能力谁牵头，谁是龙头扶持谁"的原则，

加快建设大姚核桃交易平台和产业发展信息管理系统，发展期货交易市场。12 个乡镇林业站明确专人负责核桃产业发展和管理技术指导，重要专业村配备 1～2 名乡土技术员为种植户提供技术服务。为优化坚果烘烤设施，2013 年建成新式烘烤房 1.6 万座，使坚果品质和效益明显提高。

四、科学技术支撑，增强发展后劲

2011 年与云南省林业科学院合作，在大姚县成立了云南省林业科学院核桃研究所。先后建成核桃种子资源库 60 亩，采穗圃 600 亩，示范园 20 个。大姚县政府与西南林学院、云南省林科院、云南大学、云南中医学院和云南省、州林业科研院所合作，先后进行了大姚核桃结实特性研究、海拔高度对核桃果实性状变异研究、大姚核桃芽生物学观察、良种采穗圃营建技术、采收期对大姚核桃品质影响研究、烘烤房建设及烘烤技术、大姚核桃主要营养成分分析、大姚核桃 ISSR 分子指纹图谱构建、核桃蛋白等电点和分子量电泳分析、核桃油营养价值探讨、大姚核桃花营养成分分析及食用价值研究等多项研究，实现产学研相结合，为大姚核桃产业发展提供了技术支撑和技术储备。

五、发展加工企业，实施品牌战略

为加快核桃产业发展、增加农民收入，从 2001 年全县只有 1 家核桃加工企业发展到 2013 年先后建成 20 余家具有一定规模的核桃加工企业，从事核桃加工营销的个体工商户有 160 多家，年加工能力为 1.15 万 t，产值达 5.26 亿元，8 大类核桃产品广销昆明、成都、重庆、武汉、北京、上海、广州、香港等地和日本、韩国、欧盟等国家。这些加工企业集种植、加工、销售为一体，采用"企业＋合作社＋基地＋农户"的模式，在县内贫困山区建立核桃生产基地，并为基地村维修公路、绿化荒山、惠及广大农户。他们利用大姚核桃资源丰富和环境无污染的优越条件，引进现代加工设备，加工多种产品，广受各地消费者的欢迎，促进了大姚县核桃产业的发展。

为加快大姚核桃产业发展、扩大销售渠道、增加农民收入，2009 年经国家商标局批准注册登记，"大姚核桃"成为中国第 1 个具有地理标志证明的商标产品，对打造中国知名品牌具有重要意义。2008 年在大姚县召开的首届中国核桃大会上，大姚核桃获得 2 项金奖和 2 项银奖，为加快大姚核桃产业发展、增加农民收入创造了广阔空间。

六、大姚核桃文化和核桃美食

伴随着大姚县核桃产业的发展,大姚核桃文化不断丰富和活跃。彝族先民把核桃称为"神果"用以充饥养生;三台乡民把核桃奉为"圣果",作为吉祥幸福的象征。学者认为大姚核桃既有美学特征又有文化意义,其坚果纹理颇似慈祥老人脸上的皱纹,内部结构酷似人之大脑而有灵性。通过将人与核桃的特质结合交融,融入了人的思想和人性的元素。

大姚县把核桃文化与孔子文化相结合,每年举办"中国·大姚石羊祭孔大典"和核桃美食大赛。先后举办了多次"核桃美食大赛",创制美食菜谱168道,成为大姚核桃文化的一道风景。他们用核桃美食迎接八方嘉宾,显示了大姚核桃美食的魅力,提升了大姚核桃在人们心目中的地位。近年,该县出版发行了《大姚核桃》,拍摄了核桃文化专题片,建成了"大姚核桃博物馆",使大姚县的文化、经济、科技融合发展,相得益彰。

感受核桃文化重在"品"字。通过品味核桃文化的愉悦,品尝丰富多彩的核桃食品,达到感悟历史前进的脚步和文人墨客赞誉核桃诗篇的内涵的目的。

七、大姚核桃的发展目标

大姚是云南著名的核桃产区,核桃产业已成为该县最具发展潜力的支柱产业。为了加快核桃产业的发展步伐,实现强县富民的目标,大姚县核桃产业明确了发展目标,即通过实施扩大核桃种植面积、科学栽培管理、实施配水工程、病虫防治、适时采收、科学烘烤、发展深加等措施,到2016年使核桃面积稳定在150万亩以上,实现核桃产值10亿元,农民人均核桃收入4000元的目标。为了实现这一目标,大姚县以"抓规划、强科技、扶龙头、创品牌、建市场"为着力点,实施布局区域化、生产规模化、经营集约化、管理科学化的总体发展战略。强化实施2个地方标准和集约化技术方案,推行"六个一"种植标准和管理技术规范,大力扶持龙头企业,重视农民技术培训,打造大姚核桃优势品牌。用科学技术引领产业发展,提高产业综合竞争力和品牌形象。

(闪家荣 杨 新)

附录二

旱坡荒地核桃密植园丰产高效栽培实例

河北石家庄市林业局与平山县林业局合作,于2003年先在干旱荒坡土地上栽植砧木(株行距为3m×4m,每亩载56株,1亩≈666.7m²),2005年嫁接清香核桃并调整树体品质,2008年平均每亩产干果69.44 kg,2010年为270.05 kg,2013年达357.50 kg,取得了树体发育良好、产量连年增加的较好效果和经验。现将其栽培技术简要介绍如下,供各地参考。

一、基本情况

该园位于河北平山县南西焦村甘泉林果场,属浅山丘陵,海拔248～278 m,土层较薄,肥力较低,无灌水条件。年均气温11.7℃,最低气温−17.9℃,最高气温41.8℃。年均日照2 611 h,无霜期180 d。

园地面积200亩,2003年栽砧木苗11 200株,2005年芽接清香核桃,成活率达92%。接穗来自河北德胜农林科技有限公司,品种纯正,枝芽健壮。

二、土地整理、砧木定植和嫁接

栽植前在干旱坡地上修建成田面宽12～30 m不等的保水保肥梯田。用挖掘机挖1m×1m×1m定植穴,每穴施有机肥10～15 kg,与表土混合填入穴内,踩实后灌透底水,水渗后栽砧木苗。栽后每株树下做直径为1.5 m的树盘,以利蓄水保墒。

授粉品种为中林5号和上宋6号,与主栽品种清香核桃按1:7配置。

2005年在3年生实生核桃砧木上进行多头方块形芽接,芽接成活率为92.5%(T形芽接成活率为26%)。通过前期试验结果(表1),选定5月20日至6月10日(小满后至夏至前)为最优芽接期,适宜芽接愈合气温为25～28℃,阴雨天停止芽接。6月中旬以后嫁接,随着降水量的增多,成活率明显降低。

表1　不同芽接时期成活率比较

芽接时段	5月20日至6月10日	6月10～30日	7月1～30日
接芽数/个	120	120	120
成活数/个	110	90	42
成活率/%	91.7	75.0	35.0

　　嫁接前按预定树形和树体结构对砧木（3年生）进行修剪整理，去除地面以上80 cm内的分枝，预留出主干和主枝。5月下旬至6月上旬在预留主枝上进行方块形芽接，接后10 d检查接芽成活情况，对未成活接芽及时进行补接。接芽萌发生长达5 cm以上时剪砧并去掉绑缚物。

三、幼树和果园管理

　　①采用密植管理技术控制幼树旺长和树高。为解决清香核桃幼树生长旺盛、开始结果期和进入盛果期较晚的特点，借鉴苹果自由纺锤形树体结构和调控树势的经验和做法，结合清香核桃生长结果的习性特点，采用自由纺锤形树体结构建立清香核桃密植园。

　　树体结构特点：主干高80～100 cm，中心主枝直立强壮，最终树高为3.5 m左右，冠径2.5 m左右。中心主枝上着生10～15个无侧生小主枝，分布均匀，上小下大，同侧小主枝间距40～60 cm。分枝角度85°～90°。小主枝缓放不短截，粗度保持不超过中心主枝的1/2。中心主枝高度达3.5 m左右时落头开心，控制树高。

　　②结合夏季修剪，拉开小主枝和中心主枝之间的角度，达到并保持90°左右，以增加分枝，缓和树势。同时采用摘心、疏除徒长枝、竞争枝等方法控制幼树旺长，平衡树势。2007—2009年（嫁接后3～5年）萌芽、成花和产量情况见表2。

表2　清香核桃拉枝处理后3～5年成花效果

拉枝角度	拉枝后第3年			拉枝后第4年			拉枝后第5年		
	萌芽率/%	成花率/%	株产/kg	萌芽率/%	成花率/%	株产/kg	萌芽率/%	成花率/%	株产/kg
60°	56.4	20.0	0.6	69.0	36.0	1.3	77.0	48.0	3.1
90°	65.3	28.0	1.3	75.0	48.0	2.0	88.0	75.0	5.3
对照	37.0	4.0	0.0	48.0	21.0	0.6	51.0	32.0	1.6

　　3年的拉枝处理效果表明，拉枝达90°时萌芽率、成花率和株产量都高于

其他处理，小主枝侧生结果枝率为 14.5％。达到嫁接后第 2 年开花株率 3％，第 3 年 35％，第 5 年 100％的效果。故将拉枝处理作为清香核桃控旺促果的重要措施之一。

③为提高拉枝效果，在拉枝处理的同时配合短期土施多效唑，按树干基径每平方厘米用多效唑 2 g 水溶液施用，隔年 1 次，对缓和新梢旺长起到了明显的作用(表 3)。

表 3-7　年生清香核桃土施多效唑对新梢生长的影响(2011 年)

施用量/(g/cm²)	1 年生枝平均长度/cm	调查株数
1	45.0	50
2	22.0	50
3	11.0	50
对照	89.0	50

注：施用量按树干基径面积计算。

④修剪。在保持自由纺锤形树体结构的基础上，每年进行以维持中心主枝的绝对优势和小主枝的开张角度为重点的修剪调整，疏除小主枝间多余小枝、拥挤枝、竞争枝、交叉枝、病虫枝。继续保持调整小主枝的开张角度。树高达 3.5 m 左右时，落头开心，控制树高，强壮小主枝。

⑤施肥。2～4 年生幼树采用环状沟施肥，沟宽 20～30 cm、深 30～40 cm，每年每株施果树复合肥 0.3～0.5 kg，鸡粪 3.0 kg，与土混合后施入，施后灌水，水渗后浅耕保墒。5～7 年生树采用放射状沟施肥，沟的宽、深均为 30～40 cm，每年每株施果树复合肥 1～1.5 kg，鸡粪 10～20 kg，与土混合后施入，施后灌水，水渗后浅耕保墒。

⑥行间自然生草。为保墒蓄水，增加土壤肥力，调节土壤温度和减少除草用工，全园实行生草制度。生草高达 40 cm 左右时刈割覆盖在树盘内，既可避免冬夏土壤温度的剧烈变化，又可提高土壤中的养分含量。经验证明，行间生草比行间清耕除草每亩减少用工 6.6 个，节约开支 140 元；还可增加土壤的有机质含量，减少季节土温变化，降低冬季冻害和春季抽条发生。2009 年春季各地遭遇大范围的雪冻害，造成核桃树冻害严重，但本园受害很轻，更无死树发生。

⑦人工疏除雄花芽。成龄核桃树的雌、雄花朵的比例高达 1:500，多余的雄花芽发育和开放会大量消耗树体的养分和水分，故有"核桃疏雄胜施肥"之说，核桃疏雄可减少树体的养分消耗，缓解养分竞争，使更多的养分用于雌花发育和开花结果，可增产 20％左右，同时可促进枝条发育，为来年丰产

打下良好基础。疏雄时间原则上越早越好，具体时间在 3 月和 4 月上旬前完成较好。疏雄量以 90%～95% 为宜。

⑧人工辅助授粉。在雌花柱头呈羊角状分开并分泌黏液时，细玉米面粉与花粉按 5∶1 比例混匀后装入纱布袋(或尼龙袜)中，在每天上午 10 时至下午 4 时进行抖授。调查表明，7 年生核桃园每年搞 2 次人工授粉后，平均每株提高产量 0.9 kg，双果率为 77.0%，3 果率为 1.0%，增加产量效果明显。

⑨病虫害防治。该核桃园有少量核桃黑斑病和腐烂病发生，通过采取壮树防病，以早发现早防治和人工防治为主，发芽前全园喷 1 次 3～5°Bé 的石硫合剂，落花后喷 1 次 1 000 倍甲基托布津水液，加 72% 的 5 000 倍硫酸链霉素水液，2 次用药可基本控制全年病虫害发生。2013 年雨水充沛，外园病害严重，本园病叶病果极少。同时降低了管理成本。

四、综合管理技术措施效果

通过 7～8 年施行密植园管理技术，株产量和亩产量均呈增长趋势(表 4)。

表 4　2007—2013 年平均株产量和亩产量

年　份	树　龄	平均株产量/kg	平均亩产量/kg	备　注
2007 年	3	0.47	26.32	
2008 年	4	1.24	69.44	
2009 年	5	4.91	274.96	雪冻害
2010 年	6	5.22	292.32	雪冻害
2011 年	7	5.65	316.40	
2012 年	8	6.24	349.44	
2013 年	9	6.50	364.00	雪冻害

注：施用量按树干基径面积计算。

五、主要经验和效果

①在无灌水条件的干旱荒坡生土地种核桃，采用先修梯田后挖大坑客土栽树、先栽砧木后嫁接品种等方式，是适应当地条件、成功建成核桃园的保障。

②以壮树为中心、拉枝开角为重点，实施中密度自由纺锤形树体结构建园。7 年生树高平均为 3.4 m，最高为 3.8 m；冠径平均为 2.7 m，最大为

3.4 m；平均每株有小主枝 11.3 个，与中心主枝夹角为 85°～90°，保持行间和树膛光照良好，外围新梢平均长度为 33.5 cm，行间通道宽 1.0 m 左右。

③实行人工辅助授粉，明显提高了坐果率和单株产量。

④行间生草与树盘施肥覆草相结合，是保墒、保肥、调节土壤温度的有力措施。

⑤冬剪调整树体骨架，夏剪调控枝条长势和密度，保障了骨架健壮、树势和枝势平衡、行间和株内光照良好。

⑥以秋施有机肥为主、春夏施复合肥为辅的施肥方法，可保证树体生长和结果的需要，生长与结果双促进。同时减少了低温冻害、抽条和病害的侵害，提高了叶果的完好率。

⑦每年进行人工疏除雄花芽，减少了树体的养分消耗，对提高核桃坐果率和克服大小年有较好的效果。

2000 年以来，国内 13 个省、市、自治区相关单位和个人来园参观交流，中央电视台 3 次专题采访和报道了管理经验、科技效益和经济效益。

（李卫东）

核桃科技企业的龙头作用

——记河北德胜农林科技有限公司

一、公司概况

河北德胜农林科技有限公司是 2 名从河北农业大学毕业的学生和另外 3 名年轻人,于 1995 年白手起家、自筹资金创办的主营核桃的科技型企业。该公司是以河北农业大学为科技依托,实施"产、学、研、工、贸"相结合战略,专业生产优种核桃苗木、核桃坚果和工艺型麻核桃的民营股份制公司。多年来,他们坚持"以德为本、创新发展、做强核桃产业、实现共同富裕"的经营理念和"公司+专业合作社+农户"的经营模式,和全体员工一起团结奋斗、共谋发展。自 1995 年以 2 万元创业起家起,至 2013 年建立了山东、湖北、北京等 6 个子公司,形成了从育苗到销售较完整的核桃产业链。自主培育的优良品种清香核桃苗,已推广种植到国内 20 多个省、市、自治区,种植面积有 80 多万亩;麻核桃为 1 500 余亩,优质苗木繁育基地为 1 600 亩,年产优质嫁接苗 400 万～500 万株。发展核桃专业合作社 60 多个,家庭农场 1 000 多个,联系 1 万多农户。在国内率先建立了核桃苗木售后服务和核桃产业信息化团队。通过售后回访、跟踪服务、现场指导、电话沟通、网络智能咨询和举办培训班等方式,常年为种植户免费提供技术服务和市场销售指导。

该公司总部位于河北定州市,现有员工 180 多名,其中本科以上学历 70 多人。公司着力发展集科技研发、生产示范、产品加工、渠道销售、文化旅游、生态观光为一体的创新型核桃产业集团。

2001 年与河北农业大学共同建成"国家农业开发河北农业大学高新技术示范园区";2002 年清香核桃通过省级鉴定和品种审定;2004 年被国家林业局授予"全国特色种苗基地"和"全国质量信得过种苗基地"称号;2005 年自选的麻核桃(麻艺一号)通过省级鉴定,成为第 1 个麻核桃优良品系,同年通过省级品种审定,定名为"冀龙";2009 年被授予"河北省核桃林木良种繁育基地",其清香核桃 2008 年和 2009 年 2 次在中国核桃大会上被评为金奖产品；2011 年建立"中国园艺学会干果分会试验示范基地"；2012 年被中国科协、财政部评为"全国科普惠农兴村先进单位"；2013 年在第七届世界核桃大会(山西汾阳)上，清香核桃被评为"中国优良核桃品种"；2013 年 12 月，清香核桃通过国家林业局林木品种审定委员会审定。

2009—2013 年清香核桃和麻核桃销售总额达 1.44 亿元，为企业持续健康发展奠定了重要基础。

二、科技支撑和研发

公司设有核桃专家工作站、发展战略顾问组和实验室，协助制定发展规划、技术研发、年度计划。对增强创新能力、合作研究，提高公司管理水平、产品质量和推动技术进步等起到重要作用。

①2001 年、2002 年和 2005 年与河北农业大学合作，分别完成了"核桃高效芽接繁育理论与技术研究""清香核桃引进、选育与栽培技术研究"和"河北核桃新品种'冀龙'选育及应用研究"等省级科研项目，先后通过省级鉴定和品种审定。

②在调查总结的基础上，提出清香核桃和麻核桃在不同地域条件下的适宜栽植密度和适宜管理技术，已在生产中广泛应用。

③针对清香核桃幼树长势旺、结果晚的特点，总结出实用有效的控旺和早果综合管理技术。

④自主配制出减少污染、不伤树体、有效防治核桃重要病害的复配农药和除草剂。

⑤针对清香核桃、麻核桃坚果质量存在的问题，通过调查分析和专题试验，总结出增进坚果品质的适宜授粉的综合管理技术。

⑥收集和保存麻核桃活体种质 13 份，并建档登记。

⑦经过多年市场营销，推出"核为贵""核乐宫""核乐桃"3 个麻核桃品牌，市场占有份额达 15%。

⑧在专家指导下，试行核桃园水、肥一体化先进节水管理方法，代替过去费工、费肥、费水且效果不高的落后措施。

⑨成功引进、自制和改进苗圃起苗机、脱青皮机、坚果清洗机和坚果烘干房。

⑩用花粉发芽率和种子发芽率指导人工授粉和确定砧木种子播种量，用土壤和枝叶分析结果指导果园施肥。

三、技术服务和技术培训

为提高核桃育苗和果园管理的技术水平，增强种植户的科技意识，2003年成立了中国第1家核桃种植技术服务部和服务队。

①按地区、设专人进行售后跟踪，免费为客户提供技术。

②利用信息化手段，通过互联网及时沟通信息，群发季节技术信息。

③通过电话咨询回答问题，增强技术服务的针对性和时效性。

④每年免费举办技术培训，采用集中与分散、室内讲课和现场操作相结合的方法，提问与解答互动，显著提高了培训效果。

四、对社会的贡献

①到2013年推广种植清香核桃达20个省、市、自治区，种植面积80多万亩，部分果园已达初盛果期，丰富了各地的可选品种。

②湖北鄂西地区用该公司所产清香核桃苗木种植30多万亩，其中丹江口市仅2013年就栽植清香核桃158万株，并建成3 000亩生产示范基地和加工基地，培训技术人员2 000余人。

③云南大理、怒江、曲靖等高海拔(2 100～2 500 m)地区，引种清香核桃嫁接苗5.2万株和高接换优用18.5万条接穗，解决了当地缺少适应高海拔地区核桃品种和铁核桃高接换优品种的问题。

④辽宁是清香核桃分布的北界，在技术人员的指导下，解决了当地幼树越冬受冻和春季抽条等问题。

⑤四川南充、江油、平武、成都、广安等地引种清香核桃苗70多万株，增加了适应当地气候、土壤条件的核桃品种。

⑥2009年、2010年、2011年3年无偿支援四川平武县地震灾区清香核桃苗、接穗和技术服务。

⑦麻核桃雕刻工作室通过招聘残疾人员并进行技能培训的方式，使残疾学员大都学会了设计和雕刻技能，独立生活能力增强，受到省残联的表彰。

五、经济效益与年俱增

在社会效益和科技效益同步提高的同时，经济效益逐年上升，达到客户与公司共赢、共同发展和一起致富。

①2009—2013年，清香核桃苗木和坚果销售额、利润与年增加(表1)。

表1 2009—2013年核桃苗木和坚果销售额和利润

年 份	销售额/万元	净利润/万元
2009 年	1 677	745
2010 年	2 300	867
2011 年	2 718	530
2012 年	2 909	930
2013 年	3 387	517
总计	12 991	3 589

②麻核桃生产初具规模，产品多样。形成我国南方和北方常年联系客户和订单生产，市场效益良好，产量和产值双提高（表2）。

表2 2009—2013年麻核桃产量和销售额

年份	产量/对	销售额/万元
2009 年	87 000	260
2010 年	150 000	450
2011 年	267 000	800
2012 年	400 000	1 200
2013 年	350 000	1 400

注：麻核桃配对销售，产量以对计算。

六、发展方向和保障措施

（1）发展方向

①坚持"以德为本、科技领先、服务至上"的理念，强化产、学、研、工、贸联盟，努力创建文化和科技含量高的新型核桃企业，为做强中国核桃产业贡献力量。

②加快苗木和果园的产品管理集约化、生产规范化、产品标准化、品牌市场化的进程，重振中国核桃在国际市场的雄风。

③提升科技含量，培养科技人才，利用物联网络扩大技术服务范围，提高技术服务水平，发挥龙头企业的带动作用。

（2）保障措施

①充分利用国家、省、市、县鼓励发展林果业的政策，做好产业发展和技术服务工作，争取各级政府的指导和支持。

②发挥产、学、研、工、贸联盟和科技顾问组在推动企业发展中的力量和智囊作用。

③全力实施与核桃产业发展相关的各项技术规范、规程和产品标准。

④从公司利润中提出 5%～10% 用作科技研发资金，开展创新技术研发，保障企业持续发展。

⑤提高技术服务水平，扩大服务范围和服务内容，密切公司与专业合作社、核桃协会和农户的关系。

⑥发挥品牌效应，扩大品牌市场，实现产销一体、互惠双赢。

（李卫强　周　萍）

索　引
（按汉语拼音排序）